建设美丽中国
丛书

**Endeavor for
a
Beautiful China**

# 地球气候

## 演 化 小 史

# Stories
*of*
# Climate Change and People

72个小故事

讲完你该知道的地球气候知识

叶谦

著

中国科学技术出版社

·北 京·

**图书在版编目（CIP）数据**

地球气候演化小史：72个小故事，讲完你该知道的地球气候知识 / 叶谦著 . —
北京：中国科学技术出版社，2019.3（2020.9 重印）

（建设美丽中国丛书）

ISBN 978-7-5046-8206-2

I. ①地… II. ①叶… III. ①气候变化—普及读物

IV. ① P467-49

中国版本图书馆 CIP 数据核字 (2018) 第 298154 号

| | |
|---|---|
| 策划编辑 | 杨虚杰 |
| 责任编辑 | 田文芳 |
| 特约编辑 | 赵旭如 |
| 封面设计 | 林海波 |
| 排版设计 | 中文天地 |
| 责任校对 | 杨京华 |
| 责任印制 | 马宇晨 |

| | | |
|---|---|---|
| 出 | 版 | 中国科学技术出版社 |
| 发 | 行 | 中国科学技术出版社有限公司发行部 |
| 地 | 址 | 北京市海淀区中关村南大街 16 号 |
| 邮 | 编 | 100081 |
| 发行电话 | | 010-62173865 |
| 传 | 真 | 010-62179148 |
| 网 | 址 | http://www.cspbooks.com.cn |

| | | |
|---|---|---|
| 开 | 本 | 787mm×1092mm 1/16 |
| 字 | 数 | 304 千字 |
| 印 | 张 | 20 |
| 版 | 次 | 2019 年 3 月第 1 版 |
| 印 | 次 | 2020 年 9 月第 2 次印刷 |
| 印 | 刷 | 北京长宁印刷有限公司 |
| 书 | 号 | ISBN 978-7-5046-8206-2 / P・201 |
| 定 | 价 | 68.00 元 |

和叶谦博士相识30多年了，从中国科学院大气物理研究所，到美国西部的科罗拉多，再回到北京师范大学，从中国防灾减灾研究到联合国减灾计划，到后来的国际"未来地球计划"，万水千山，千变万化，叶谦博士的工作都没有离开过"气候变化"这个主旋律。

月前，叶谦博士发邮件给我，说为青少年普及气候变化的科学知识，写了一本小册子，问答式，由72个问题引出72个故事，可否为此书写一个序？随即发过来全书，即《地球气候演化小史》。飞快地浏览了目录，翻阅了部分内容，方知作者早在2011年与中国科学技术协会（以下简称中国科协）青少年活动中心合作时，就构思筹划写一本关于气候变化的科普书籍，他的北京大学校友祝贺女士和科学普及出版社社长助理杨虚杰女士，为本书完稿起了极为重要的促进作用。非常有趣，我曾经作为中国科协副主席也在科普工作委员会有过一段经历，科学普及出版社早在1993年就出版过我的《南极日记》，而72个小故事的第一个讲格陵兰冰盖冰芯的故事，和我的专业"冰冻圈"科学的内容十分吻合，请为写序，真是有缘！旋即回复叶博士，同意为此书写序，12月底交稿，保证！

以联合国政府间气候变化专门委员会（Intergovernmental Panel on Climate Change，以下简称IPCC）为代表建立的现代气候变化科学，30年来发展迅速、进步巨大。气候变化过去主要关注大气圈内的变化，发展到连同水圈、冰冻圈、生物圈、岩石圈表层等地球气候系统五大圈层，进而与人类社会经济可持续发展联系起来，为全球科学家、联合国和各国政府关注，成为签订巴黎协议的科学依据，为全球减排和应对气候变化做出了重要贡献。IPCC 自 1988 年成立以来，分别于 1990 年、1996 年、2001 年、2007 年和 2014 年发布了五次评估报告。1990 年发布的第一次评估报告指出，观测到的增温可能主要归因于自然变率，但是我们已经感觉到人类活动的影响。1995 年的报告指出，有明显证据可检测出人类活动对气候的影响。第三次的更进了一步，新的、更有力的证据表明，过去 50 年观测到的全球大部分增暖可能（66% 以上可能性）归因于人类活动。第四次，人类活动很可能（90% 以上可能性）是导致气候变暖的主要原因。第五次的结论是，20 世纪中叶以来观测到的全球气候变暖，一半以上是由人类活动造成的。这一结论的信度达 95% 以上。今年（2018 年）刚发布的特别报告指出，工业化（1750 年）以来，人类活动导致全球地表温升达到 1 ℃。由此可见，科学界对人类活动影响气候变化的认知随着研究工作的深入不断加深。这一段话不长，却包含着大气圈、水圈、冰冻圈、生物圈和岩石圈表层，即气候系统五大圈层都在变暖的观测结果，还包括了从自然到人类活动的广泛内容，说明气候变化和人类的生产生活紧密相联，每个地球公民都会有感受。为此，作者提出了应对气候变化"人人有话可说，人人有责任和人人有义务"的观点，简明扼要地道出了气候变化科学既要有科技精英们的深邃研究，也需要广大民众的理解，更需要全民的支持。气候变化的负面影响威胁着人类自身的安全和发展，全球只有一致行动，才能保护我们的地球家园。

叶谦博士的这本书，从上述认知和观点出发，以设问的形式，介绍了天气、气候和气候变化的概念，将其与地球演化史和人类发展史结合，又例举了历史上气候变化的极端事件，让读者从多角度、多方面了解未来气候变化可能给社会经济带来的负面影响，唤醒人类善待自然，保护环境，准确把握科技进步对自然界的影响及与人类可持续发展关系的脉搏，揭开了气候变化科学的神秘面纱，强调了应对气候变化人人有责的大众观，瞄准可持续发展这一全球关注的问题，将科学与社会发展结合起来，使"高雅"的气候变化科学更易读者理解，值得称道。

科学家也要做一些科学普及工作。记得 2014 年 IPCC 第五次评估报告结束后，上千位作者频频在世界各地做讲演、报告，阳春白雪，风光不已。但是，更多的社会人士或因专业背景的差异，或因知识结构的不同，对气候变化不大理解，只有阳春白雪式的讲演显然不够，科普工作应当提到重要日程。为此，IPCC 秘书处编制了卡通式的宣讲幻灯片，发给大家使用，起到了很好的作用。此外，据我所知，国外其他语种有大量普及气候变化科学知识的书籍出版。叶谦教授作为一名资深气候学家，从青少年的兴趣出发，循循善诱，讲述地球气候变化的故事，联系经济社会中的问题和向可持续发展方式转型，普及了科学知识，教育了青少年一代，可谓其影响深远、意义重大。

不仅如此，本书也适合具有中等文化程度的读者阅读。国内有关气候变化科学的科普书籍不多，本书构思新颖，设问巧妙，深入浅出，涉猎广泛，是同类书籍中的佼佼者，是一本难得的优秀书籍，特此推荐。

是为序。


秦大河（中国科学院院士　中国气象局原局长）

2018 年 12 月 22 日

在谈及地球气候概念时，我们通常会以时空尺度上的平均值来界定，如将短时间发生的大气变化称之为天气，一段时间的大气平均状态定义为气候。从理解气候概念的角度看，这样的界定是合适的，反映大气运动过程中短时变化与长期平均状况存在着不同的特征，需要有所区别。

但从气候研究的角度，特别是在探讨气候特征存在的原因及影响时，单纯关注大气本身的时空特征就存在明显缺陷了。大气作为地球上最为活跃的重要系统之一，总是呈现出多姿善变的形态，"自制力"和"记忆力"都较差，可以通过自身的变化干扰地球上的其他系统，也很易被其他系统的变化所左右。这种相互作用、相互影响的特征使得人们需要从更为完整的角度认识和理解气候问题，否则就会如同"盲人摸象"，单纯解释哪一方面的问题都有片面之嫌。

为了更完整、系统地思考、处理气候问题，1974 年在斯德哥尔摩由世界气象组织（WMO）和国际科学联盟理事会（ICSU）联合召开的"气候的物理基础及其模拟"国际学术讨论会上，明确地提出了"气候系统"的概念，将气候系统作为大气圈、水圈、冰雪圈、岩石圈和生物圈相互作用的整体。这一概念的提出，为气候问题和地球科学的研究界定了新的领域，拓展了广阔的空间，是一个开创性、战略性的转变。

随着人们对气候系统研究的深入和在实践中不断发现新的问题，由五大圈层组成的气候系统依然存在缺陷。特别是从 20 世纪 80 年代开始，气候变化问题越来越受到广泛关注，气候问题逐渐跳出了自然科学的范畴，政治、经济、外交、环境、军事等各界人士都介入其中。究其原因，问题出在了五大圈层之一的生物圈。

生物圈包含有动物和植物，人类也在其中，长期以来与地球上其他圈层相互适应、相互影响、共存共生。但随着人类社会的发展，特别伴随着人类独具的创造性所引发的持续性科技进步，人类对地球系统所产生的影响持续上升，各圈层相依共存的平衡被打破了。根据政府间气候变化专门委员会（IPCC）多次评估报告得出的结论，对以气温升高为重要特征的全球气候变化成因主要归结为人类活动给出了确定性结论，而这种影响和变化总体上看是负面的。因此，需要将人类活动和对气候各圈层的影响分离出来单独考虑，才能更客观地研究和认识气候变化问题。

1995 年，诺贝尔奖得主、荷兰大气化学家 Paul Crutzen 首次提出了地球已进入"人类世（ anthropocene ）"的观点，引起了广泛讨论和认同。这一新的地质年代不是自然界逐渐演化形成的，而是人类活动对地球环境不断产生影响所引发的。这也是在提醒人们对自身活动的反省，人类不能只顾及自身发展而不考虑后果。

尽管气候变化、人类活动、可持续发展、生态文明等概念已在一定范围和层面上得到关注和重视，人们也采取了不少应对措施，但若想达到逐步扭转人类不恰当发展和生活方式的目的，需要社会各界更广泛地形成共识，并为此付出切实努力，而普及相关科学知识则是重要环节。叶谦先生付出巨大努力所完成的这部《地球气候演化小史》，正是应对了这一需求，伴随地球气候演变过程中一个个小故事的揭示，相信会增加人们对自身赖以生存的家园更深入细致的了解，并增进保护好地球环境、与大自然和谐共生的意识。

许小峰（中国气象局党组原副书记、原副局长　现任中国气象局战略咨询委员会常务副主任委员）

# 自序

　　气候变化原本是气象学科一个专业性极强的科学术语，却由于一位美国科学记者在20世纪70年代的一篇地球气候正在变冷并且冰期有可能再次降临的调查报告，成为全球40多年来上至联合国所制定的公约、下至平民百姓街谈巷议的热词。造成这一现象的原因大致可以归纳为以下三个方面。

## 人人有话可说

　　地球经过亿万年的演化，形成的生态环境千变万化、丰富多彩。对世界上绝大多数人而言，许多自然现象、生态环境和动植物只是在书本、影像记录中了解到，对他们的特点和发展变化几乎没有任何发言权。而大气作为人类生存不可或缺的基本自然要素，它的活动（从每日天气，到月、季、年乃至数十年时间段，科学家称之为气候），以及所带来的影响是每个人都能亲身感受到的。因此，人人都可以根据自己的主观感受对天气或气候变化"说三道四"。

## 人人有责任

　　虽然地球已经存在并不断演变了超过46亿年，但科学家将地球上各个组成部分（科学上称之为圈层）进行系统的观测、分析、模拟研究也才仅仅60年的历史。1958年，国际科学联盟组织了全球67个国家的科学家联合开展了第一次国际地球物理年活动。自那时起，来自不同学科领域的科学家经过长期不懈的艰苦努力和通力合作，对不同学科所积累的大量观测数据进行综合分析，对地球天气气候及其发展演变过程逐渐有了初步认识。其中，最为引人瞩目的研究成果就是在工业革命以来，人类的生活生产活动对近百年来全球气候变化的贡献方面达成了科学共识。虽然人人有责有着明确的科学证据，但如何分担过去、现在和未来全球气候变化责任却是一项涉及国际、区域和各国国内政治、经济、科学技术和社会发展等方方面面的难点。不同利益集团出于维护自身利益的考虑，很少愿意承担相关责任，也因此通过各种渠道散布有利于自身的所谓"科学认识"。

## 人人有义务

自地球上出现大气以来，气候变化，包括了季节、年和多年变化以及极端气候事件（如多年干旱等），就一直存在。在人类的发展演化过程中，从赤道到两极，从海洋到冰川覆盖的山顶，人类不断进化学习，以适应当地的气候。而当一个地区气候极端变化已经难以适合生活居住时，人们往往不得不放弃家园，迁移到适宜的气候环境继续生存。历史上时常发生的气候、水和天气等极端事件，给人类文明和社会带来措手不及的打击，在人类历史长河的绝大多数时间，气候变化决定了人类生存的各个方面。工业革命以来，在与气候之间的关系上，人类开始逐渐占主导地位。科学技术的发展，使人们的生产生活在很大程度上"摆脱"了对气候的依赖。例如，空调的使用大幅度地提高了热带地区及夏季的生产力，各种大型工程如水利设施、温室的使用，使人们可以不受季节的约束享用到各种生态产品和服务。但是，也就是这样的生活生产方式，以及200多年来人类对自然资源的掠夺性索取和对生态环境健康的忽视，已经给地球环境带来了严重的负面影响，并进而威胁到人类自身未来的安全和发展。因此，如何通过每个人的个体行为，影响所在利益团体的行动，推动社会乃至全球尽快采取协调一致的行动，保护我们的未来，就成为全人类社会的关注热点。

本书以故事方式向读者讲述了三方面的内容：其一，通过介绍天气气候和气候变化与人类历史、地球其他生命和我们身边所发生的一些事之间的关系，扩大读者对气候变化影响的知识面；其二，通过讲述历史上科学家在研究分析纷乱复杂的自然现象时产生的一些奇思妙想和有趣传闻，为读者揭开气候变化科学研究的神秘面纱；其三，从历史上气候变化所引发的一些后果，结合科学家近年来观察到的地球生态环境的一些极端现象，让读者从方方面面了解未来气候变化可能给社会和个人带来的影响，希望能够唤起读者对应对气候变化工作的关注。

在此，我要感谢我的妻子魏宇人30年来所给予我的理解、支持和对家庭的巨大付出！更高兴并感谢我的女儿在百忙的学业中抽出时间，为本书每个故事配上插图。我们父女两人在绘制插图过程中的交流，也让我真心体会到女儿的成长！

本书是根据我自2011年至2017年发表在《中国科技教育》杂志上以《气候变化的故事》为标题的专栏系列文章编辑的。虽然编著一本气候变化的科普书一直是我的梦想，但由于各方面的原因迟迟没有动笔。非常有缘的是，2011年在与中国科协青少年活动中心合作期间，时任《中国科技教育》杂志总编辑的北京大学校友祝贺女士在听完我的构想后，果断决策，设立以《气候变化的故事》为题的专栏，"逼迫"我每月交出一篇稿件。其间，祝贺女士还介绍并专程陪同我拜访科学普及出版社社长助理杨虚杰女士，就如何将一篇篇独立的科普小故事结集成书进行了探讨，并签订了合作协议。时光飞转，我深深地感谢六年来"监督"我写作的祝女士和耐心等待的杨女士，以及其他朋友、亲人对本书的关心和所付出的心血。

最后，我要向在过去40年培养、教育我的师长们和领导们，以及与我共同奋斗、共享欢乐的朋友、同事和学生们表示感谢，谢谢你们的陪伴和友谊！

叶谦

2018年11月1日

于北京师范大学京师学堂422室

# 目录

序 一

序 二

自 序

第一辑　地球上某个间冰期中的我们　001
第01个故事　冰芯中的古气候　003
第02个故事　亚基尔博士要那些小纸片做什么　008
第03个故事　莫斯科相信天气　012
第04个故事　玛雅文明的消失：缺一条大河　017
第05个故事　芝加哥热浪吞人事件　022
第06个故事　地球上某个间冰期中的我们　025
第07个故事　玉米与石油　030
第08个故事　敏感"雷司令"　034
第09个故事　越过沙丘　039
第10个故事　暖世飞鸟危言　043
第11个故事　太阳风暴，发生在地球上的大年初一　047

第 *12* 个故事　细思极恐的欧洲严冬　　　　　051

第 *13* 个故事　"好不容易爬到食物链顶端"　　055

第 *14* 个故事　椰子怕冷，苹果落地　　　　　059

第 *15* 个故事　森林防火员的梦　　　　　　　063

第 *16* 个故事　海草原　　　　　　　　　　　067

第 *17* 个故事　地球古气候海底留痕　　　　　071

第 *18* 个故事　世间唯咖啡不可辜负　　　　　075


第二辑　玩家拯救地球　　　　　　　　　　079

第 *19* 个故事　融冰时代　　　　　　　　　　081

第 *20* 个故事　天下雨，人知否　　　　　　　085

第 *21* 个故事　玩家拯救世界　　　　　　　　090

第 *22* 个故事　茶，不是随便的东西　　　　　094

第 *23* 个故事　幸运的种子　　　　　　　　　098

第 *24* 个故事　4 亿个木柴炉子　　　　　　　102

第 *25* 个故事　"汽车占领地球"　　　　　　　106

第 *26* 个故事　您这药，地道不地道?　　　　110

第 *27* 个故事　现代垃圾启示录　　　　　　　114

第 *28* 个故事　角马为什么总在奔跑　　　　　118

第 *29* 个故事　"美国梦"：带草坪的房子　　122

第 *30* 个故事　射日　　　　　　　　　　　　126

第 *31* 个故事　缓冲气候变化：屋顶"轻骑兵"　130

第 *32* 个故事　撞出来的人类　　　　　　　　134

第 *33* 个故事　火星兄弟，你是怎么做到的　　138

第 *34* 个故事　西边松茸东边笋　　　　　　　142

第35个故事　"晚来天欲雪"　　　　　　　　　　146

第36个故事　活火熔城　　　　　　　　　　　　150


第三辑　"忧患潜从物外知"　　　　　　　　　　155

第37个故事　青霉素、毒黄瓜、西伯利亚阔口罐病毒及其他　157

第38个故事　"忧患潜从物外知"　　　　　　　　161

第39个故事　从惜字如金到惜纸如金　　　　　　165

第40个故事　迷之三星堆　　　　　　　　　　　169

第41个故事　石头上的涟漪　　　　　　　　　　173

第42个故事　红胡子埃里克的"绿色土地"　　　177

第43个故事　日本蜜蜂大战大虎头蜂　　　　　　181

第44个故事　河姆渡的变迁　　　　　　　　　　185

第45个故事　听地质学家"实话实说"　　　　　189

第46个故事　"锦瑟无端"　　　　　　　　　　193

第47个故事　一半是冻土，一半是忧虑　　　　　197

第48个故事　走过的人说珊瑚少了，走过的人说珊瑚在长　201

第49个故事　脆弱的鸟们和它们的地球　　　　　205

第50个故事　弗里茨·哈伯的无心之罪　　　　　209

第51个故事　加州"水官司"　　　　　　　　　213

第52个故事　正在变暖的世界和《正在变冷的世界》　217

第53个故事　大河恋　　　　　　　　　　　　　221

第54个故事　熊蜂的"舌头"为什么变短　　　225


第四辑　万能青蛙旅店　　　　　　　　　　　　229

第55个故事　迷途"圣婴"　　　　　　　　　　231

第 56 个故事　气候即政治　　　　　　　　　　　235

第 57 个故事　天降大风　　　　　　　　　　　　239

第 58 个故事　冬季奥运会去哪里开　　　　　　　243

第 59 个故事　拘留营气象报告　　　　　　　　　247

第 60 个故事　二者必须兼得：地球与和平　　　　251

第 61 个故事　万能青蛙旅店　　　　　　　　　　255

第 62 个故事　"什么口粮都不能搭救我"　　　　　259

第 63 个故事　知土　　　　　　　　　　　　　　263

第 64 个故事　世界尽头：涅涅茨人、驯鹿与坑　　267

第 65 个故事　"彼之砒霜，吾之蜜糖"　　　　　　271

第 66 个故事　棕榈果的"正确之路"　　　　　　　275

第 67 个故事　土豆与荒年　　　　　　　　　　　279

第 68 个故事　海印　　　　　　　　　　　　　　283

第 69 个故事　给阿尔卑斯山冰川盖床"毯子"　　　287

第 70 个故事　摇摆吧，地球　　　　　　　　　　291

第 71 个故事　拉森 C 冰架上的裂缝　　　　　　　295

第 72 个故事　地球气候变化：石头记　　　　　　299

后　记　　　　　　　　　　　　　　　　　　　303

地球上
某个间冰期中的
我们

冰芯中的古气候

亚基尔博士要那些小纸片做什么

莫斯科相信天气

玛雅文明的消失：缺一条大河

芝加哥热浪吞人事件

地球上某个间冰期中的我们

玉米与石油

敏感"雷司令"

越过沙丘

暖世飞鸟危言

太阳风暴，发生在地球上的大年初一

细思极恐的欧洲严冬

"好不容易爬到食物链顶端"

椰子怕冷，苹果落地

森林防火员的梦

海草原

地球古气候海底留痕

世间唯咖啡不可辜负

# 冰芯中的古气候

一场虚构的聚会
吃出了一个历史性发现
——哥本哈根真是一个盛产童话的地方啊。

| 问题来了！ | "如果冰能够将空气封存起来，<br>我们是否能够从格陵兰冰川中找到过去地球大气的信息？" |

## 一场虚构的海边聚会

哥本哈根，安徒生的故乡，一个带有童话色彩的城市。20 世纪 50 年代初一个初夏的夜晚，哥本哈根大学几位从事地理和古气候研究的科学家在一天紧张工作之余，结伴来到海边的小酒馆。当大家举起加冰块的威士忌酒准备为实验的成功欢庆时，伴随着冰块在酒中融化而出现的气泡，引起了一位科学家的注意。他向同伴们提出了一个大胆设想：

"如果冰能够将空气封存起来，我们是否能够从格陵兰冰川中找到过去地球大气的信息？"

这个对气候变化科学研究有着重大影响的设想之提出，时间、地点和人物等要素都是真实的，但凑在一起，却是一个虚构的传说。

## 自传中的回忆

传说中的主人公、古气候冰芯研究之父、丹麦地球物理学和古气候学家威利·邓思伽德博士在其自传中是这样回忆的：

1952 年 6 月 21 日，星期六，天气凉爽，阵雨预示着一个潮湿的周末。我琢磨着："雨水中氧的不同同位素的组成是怎样的？这种组成是否会随不同的阵雨而改变？"我现在拥有一个能测量这种组成的设备，做个试验也不会有什么损失。我在一个空啤酒瓶上放上一个漏斗，然后把这个"复杂"的设备放在后院的草坪上，静等着雨水的降临。

经过处理后的冰芯，标号后等待科学家切片分析

接下来所发生的如果不是奇迹，也可说是千载难逢。邓思伽德遇到的是一场几十年不遇的豪雨，整整持续了两天！他在用完家中能找到的所有啤酒瓶（也可能还有威士忌酒瓶）之后，不得不把厨房里所有能够接雨水的盆盆罐罐都用上了。

周一，当他带着这些厨房用的各种器皿和酒瓶来到实验室时，所有同事都大吃一惊，以为他要在实验室开生日聚会（酒瓶、聚会——也许就是海边聚会传说的来源）！

## 历史性发现

科学家发现，自然界中的氧以三种同位素形式存在（同位素是指具有相同原子数和同种化学性质，但原子核中有不同中子的化学元素），其中氧–16占99%以上，氧–18则仅占0.2%。利用被称为质谱仪的测量仪器，科学家可以通过对不同氧分子进行称重来确定他们所含的中子数。

邓思伽德利用质谱仪，就是想看看来自不同降雨云团的雨水中的氧分子化学组成是如何变化的。

对周末采集的雨水分析后他得出结论，当云团上升并冷却，较重的氧分子（如氧–18）对温度下降反应也较快，比那些较轻的氧分子（如氧–16）更快凝结，形成降水落到地面。因此，如果雨水样品中较重的氧分子占优势，就意味着大气温度较冷。

"雨水中氧的化学组成与温度有关"这一历史性发现，从根本上改变了气候变化研究的进程。

在随后 10 多年，他又分析了采集于全球的雨水样品，进一步验证了氧同位素与温度之间的绝妙关系。

## "冷战"时期科研禁区

对格陵兰岛的情有独钟，使邓思伽德又把眼光投向了"冷战"时期科学研究的禁区。第二次世界大战后，美国为了应对可能发生的北极核战争，在格陵兰冰盖上钻取了大量冰芯样品。邓思伽德提出建议：以他对雨水中氧同位素进行分析建立起来的方法和理论，来分析这些冰芯样品，重建地球气候历史。

他的建议获得了美国科学家的同意，但初期的合作研究并没有得到国际科学界的重视。

一直到 20 世纪 70 年代末，对新钻取的冰芯的研究揭示出：地球气候在最后一个冰河期并不是稳定不变的——在过去的 8 万年中，温度突然在几十年内大幅度上升的事件就达 25 次之多。

这个发现从根本上改变了国际科学界对地球气候变化历史的认识，确立了古气候学研究在全球气候变化研究中的地位。

## 冰芯中的信息太多了

随着全球气候变化研究的深入，利用冰芯研究地球气候变化的历史已经成为科学上的经典之作！现在，从地球两极和全球其他地区（包括我国青藏高原）冰川钻取的冰芯，已经不仅仅被用于揭示地球气温的变化——

对冰芯中包含的气泡（还记得威士忌酒中融化的冰块和气泡吧）的空气含量分析，

揭示了历史上冰面的海拔高度；气泡中二氧化碳和甲烷浓度则反映出历史上大气温室效应的强度；对冰中所含灰尘和钙离子浓度的分析，还可以揭示历史上风暴的强度和火山爆发情况。

对冰芯的钻取还在进行中。在全球科学家的共同努力下，对冰芯的分析，将有望揭示出过去100万年的气候变化。

知道分子

在过去8万年中，地球上的温度突然在几十年内大幅度上升的事件多达25次。

# 亚基尔博士要那些小纸片做什么

亚基尔博士通过烧报纸
测量不同时期大气中的碳-12 含量。

# 问题来了！

"二氧化碳在这个地球上到底干了些什么？"

1997 年冬季的一天，以色列魏兹曼研究所的生物地球化学家亚基尔兴奋无比，原因很简单：他收到一个来自美国《波士顿环球报》的邮包。邮包里是该报自 1872 年开业以来所出版的全部报纸的剪片。虽然每张剪片只有普通邮票大小，但对亚基尔而言，却是他过去几年在全球范围艰苦搜寻的成果。

作为一名从事化学分析研究的科学家，亚基尔博士要那些小纸片做什么？

说来话长，得回到 100 多年前。

## 地球是个温室

1896 年，瑞典化学家阿尔赫尼斯首次发现，二氧化碳可以让太阳辐射畅通无阻地到达地球表面，使地面温度升高；同时，又部分阻止了地球热能向外的辐射。两者的共同效应在大气中造成了所谓的"温室效应"，使地球表面平均温度维持在人类可以生存的水平。

阿尔赫尼斯认为，经过 100 多年的工业革命，人类生活和生产活动中燃烧的煤炭和石油所释放的大量二氧化碳最终可能会影响地球气候。

对阿尔赫尼斯的这一推论，当时全球大多数科学家都嗤之以鼻。他们认为人类活动相对地球来说是如此的弱小，根本不足以对自然气候演变造成任何影响。

1958 年，美国科学家克林在夏威夷的冒纳罗亚火山上开始对大气二氧化碳浓度进行不间断的精确科学测量。

但直到 20 世纪 70 年代，科学界才开始普遍关注大气中二氧化碳浓度的持续上升问题，并将人类活动、大气二氧化碳浓度升高和以全球变暖为主要特征的全球气候变化联系起来。

自那时起，又过去了 30 多年。各种证据愈加丰富，全球科学界终于形成共识：排放以二氧化碳为代表的温室气体的人类活动，对近百年来全球气候变化有着深刻的影响。

遗憾的是，受科学技术发展进程的影响，对全球气候进行科学观测才仅仅不到 50 年历史。所得到的资料，无论在空间尺度上，还是在时间尺度上，都难以满足气候变化研究的需要。

## 要找到一棵理想的树是非常困难的

为了能够更为准确地掌握人类活动是如何影响全球气候变化的，为国际社会尽快制定政策和采取相应行动提供科学依据，以尽可能地使人类社会免受气候变化所带来的负面影响，全球科学家如同破案的侦探，为寻找气候变化的蛛丝马迹，开展了一场无形的"国际竞赛"。

亚基尔博士就是这项竞赛中的一员。

亚基尔博士发现，虽然古气候研究通过对封存在格陵兰岛、南极洲和其他高寒地区冰川中的远古大气进行分析，已初步复原了过去近 70 万年的地球气候，但这些数据所反映的年代久远，时间精度不高。

而用从古树中钻取的树木年轮开展分析，虽然可以弥补这些不足，但要找到一棵理想的树还是非常困难的。同时，单一树木也只能反映一个非常有限地区的气候变化。

基于在碳同位素分析方面的经验，亚基尔博士大胆地提出了一个奇妙的分析方法：从旧报刊的纸张中碳的同位素变化来分析相应年代的大气碳浓度，进而对工业革命以来的全球碳浓度进行定量分析。

旧报刊所用纸张不是出自一棵树木，因此，能更好地代表一个地区的平均状况。

亚基尔博士

## 一个假设

亚基尔博士提出的这个实验，基于以下科学认识：

树木在生长过程中，通过光合作用不断"呼吸"二氧化碳。对所有树木来说，它们更"喜欢"那些含有在碳同位素中较轻的碳–12的二氧化碳。因此，由千百万年前动植物转变而成的煤、天然气和石油等化石燃料中，缺乏在碳同位素中较重的碳–13。

据此，亚基尔博士提出科学假设：

受工业革命以来人类大规模燃烧化石燃料的影响，大气中被人为地增加了更多的碳–12。因此，报纸期刊纸张中碳–13对碳–12的比例，应该随着时间的推移而下降。

## 烧报纸

为了检验他的这个科学假设，亚基尔博士写信给全球十多家有着百年以上历史的报刊，希望他们能够提供尽可能久远的报刊剪片。他得到了《波士顿环球报》的响应，于是出现了本文开头的那一幕。

亚基尔博士将这100多个报纸样品放入温度高达2200℉［约1204℃，1华氏度（℉）=32+ 摄氏度（℃）×1.8］的超级富氧炉中进行焚烤，让样品中的碳与氧气结合，形成二氧化碳。然后，他使用质谱仪测量二氧化碳气体中碳同位素的组成，特别是化石燃料燃烧的关键标志——碳–12的含量。

在过去10多年中，亚基尔博士对从全世界收集来的各种报刊纸张进行了同样的分析，所得结果证明了他的科学假设是正确的。

工业革命以来，人类使用化石燃料的强度不断增加，从这些燃烧的旧报纸中得到了证明。

知道分子
_____
旧报纸中碳–13对碳–12的比例，会随着时间的推移而下降。
_____

第*03*个故事

# 莫斯科相信天气

*豪强一世的拿破仑折戟莫斯科城。*

| 问题来了！ | "哪些国家的军队在俄罗斯的严冬中吃过败仗？" |
| --- | --- |

## 油画

1812 年 12 月初，从华沙到法国巴黎的大路上，在几乎难以辨认的几面军旗引导下，一支衣衫褴褛、穿着古怪的队伍步履艰难地行进着。队伍中绝大部分人由于浑身泥泞而难以让人看出他们的披挂。如果不是少数人头上还戴着法国军帽，肩上还扛着步枪，人们很难看出这是一支法国军队。而当人们辨认出那位骑在马上、神情疲惫的将军竟是威震欧洲的拿破仑一世时，更是惊诧不已。

对所有第一眼看到 19 世纪德国画家阿道夫·诺森著名油画《拿破仑从莫斯科撤退》的观众而言，一方面是视觉上受到强烈震撼，另一方面，更想知道那是一股什么力量，能将法国历史上的一代天骄，与恺撒、亚历山大大帝等世界著名军事家齐名，19 世纪初欧洲不可一世的霸主——拿破仑一世——打击成这般模样。

## "要让沙皇在冬季到来之前臣服"

让我们首先回到 18 世纪末期的法国。1789 年法国大革命爆发后，欧洲各国为对抗新兴的资产阶级法国，组织和派遣反法同盟联军进攻新生的法兰西共和国。拿破仑在指挥抗击欧洲反法联盟中节节胜利，成为法兰西共和国的新英雄，并最终在 1799 年 11 月 9 日，通过成功发动"雾月政变"而成为法兰西共和国第一执政。

然而，拿破仑以其杰出的政治和军事才能，迅速地将反对君主国联盟的民族战争所取得的胜利，转变为以建立法兰西帝国、征服奴役全欧洲为目标的帝国主义战争。

短短的 10 年间，拿破仑就征服了西欧和中欧的大部分国家，而沙皇俄国则成为拿破仑一世争夺欧洲霸权唯一的绊脚石。

当用政治和外交手段征服俄国亚历山大一世的各种努力都归于失败后，处于法兰西第一帝国全盛期的拿破仑终于忍耐不住了。

1812 年 6 月 13 日，拿破仑率领由来自被法兰西征服的几乎所有欧洲国家、操 12 种语言的士兵组成的 60 万大军，对沙皇俄国不宣而战。而俄国军队总数不到 18 万人，主帅沙皇亚历山大一世从未有过率军征战的经历。此次战争，胜负结果应是不言而喻。

拿破仑在仔细研究历史上其他国家与俄国历次战争的经验教训，特别是俄罗斯冬季气候的可能威胁之后，做出了要让沙皇在冬季到来之前臣服的周密军事计划。

## 短暂的夏天：损失 50 万大兵

战争初期，拿破仑充分发挥他最为擅长的军事战术，在集中火炮的同时，充分发挥骑兵的机动性，军队斗志高昂，攻城略地，势如破竹。

但是，事情并不是一直这么顺利。

拿破仑虽然考虑过莫斯科冬季的威力，却不知道俄国不仅有严寒的冬季，在其短暂的夏季，天气也非常"任性"：时而是快要把土壤和生灵烧焦的烈日，时而洪水泛滥，时而又把一切冻得近于凝固。

炎热的夏季加上俄罗斯人的破坏，大量脱水的法国士兵不得不饮用路上车辙里的马尿。

强烈的暴风雨，不但将士兵们淋得浑身湿透，更重要的是使道路变得泥泞不堪，拉着重型武器、粮食和其他辎重的马车轮子被泥泞掩埋，许多马车不得不被扔掉。

而习惯于在地中海温暖气候中作战的法国部队，竟然没有携带帐篷，不得不每晚在寒冷的露天睡觉。

仅仅过去两个月，拿破仑的主力部队就被恶劣多变的天气"消灭"了近 50 万人！

## 提前到来的冬季

而当拿破仑抵达莫斯科时，却发现在大火连续烧了三天三夜之后，莫斯科的一切已经化为灰烬。面对已是一座空城的莫斯科和决心死战的沙皇亚历山大一世，拿破仑于 10 月 18 日不得不下令撤退。

而此时，俄罗斯冬季突然提前来临。

11 月 6 日，瓢泼大雨转眼变成了鹅毛大雪，法军那适合于温暖气候、连肚子都遮不住的军服根本无法御突降的气温。洗劫莫斯科得来的各种衣物，包括女人的裙子和牧师做礼拜时穿的弥撒祭服都成了法国士兵御寒的至宝。

为了能够在冰冻滑溜的路面上行走和减轻载重，许多马车夫扔掉了车轮，将马车改成了雪橇。遗憾的是，他们还没来得及为自己的发明报功，雪又开始融化，地面又变成了泥沼，许多车改雪橇再也派不上用场，只能连同车上的口粮、武器以及行李一起被遗弃。

11 月 25 日，拿破仑带着仅剩的 5 万人，挣扎着来到贝尔齐纳河。虽然渡河桥梁被俄国人破坏是早已预料到的，但是，天气又再一次对拿破仑进行了折磨。

当天的温度刚好冷到使河水冰冷刺骨，但又无法使漂浮着的冰块结在一起让法军渡过。最终，经过一些死士一整夜不停的工作，"大军"才在俄罗斯军队的追击下仓皇过河。

## 最后一击

12 月 6 日，极端天气给了拿破仑和法国大军最后一击。气温降到了 −38℃。在随后短短的 4 天里，最终有 4 万多人或是由于饥寒交迫而死，或是死于为抢夺一块马肉或一件死人身上的外套而相互的残杀中。

在短短的 6 个月里，最初挺进俄国的 60 万大军，最后只剩下 13000 人回到法兰西。被遗弃在俄国的还有 16 万匹马和 800 门大炮。拿破仑王朝从此开始走向灭亡。

千万不要以为拿破仑在俄罗斯的遭遇是前无古人、后无来者的——

1709 年，瑞典国王查理七世对俄国发动战争，就败给了俄罗斯的严冬，并成就了彼得大帝的英名。

而在拿破仑之后，在第二次世界大战中，希特勒的军队在莫斯科和斯大林格勒遇到的极寒，也成为其最终覆灭的重要因素。

知道分子

1812 年 6 月，拿破仑率 60 万大军挺进俄国，短短 6 个月后，仅剩 13000 人回到法兰西，被遗弃在俄国的还有 16 万匹马和 800 门大炮。

# 玛雅文明的消失：缺一条大河

<br>

鞍裂的土地，死去的树木
——强烈干旱是玛雅文明真正的终结者。

| 问题来了！ | "究竟发生过什么，使许多高度发达的古代文明突然消失？" |

## 玛雅文明突然消失

自公元前 2000 年起，在横跨危地马拉、伯利兹、墨西哥、洪都拉斯和萨尔瓦多部分地区的中美洲心脏地带，逐渐发展起一个以农耕为唯一社会支撑的文明，她以其所拥有的、比欧洲足足先进了 10 个世纪的数学天文知识，为人类文明发展史所永远铭记。

这就是可以与世界古代四大文明——古埃及、古巴比伦、古印度和古代中国文明——并驾齐驱的玛雅文明。

然而，就是这样一个文明覆盖面积超过 30 万平方千米、总人口近 1000 万、一些发达地区人口密度高达每平方千米 200 人（相当于目前中国中部人口密度）、发明和使用谜一样的奇特文字、依照非常奇妙的玛雅历法周期建造巨型庙宇金字塔的璀璨文明社会，在其发展近 3000 年后的鼎盛时期（大约公元 8 世纪中后期），突然消失了。

## 何日君再来

无独有偶，在美国西南部落基山海拔 2600 米的梅萨沃德高原上，也出现了类似情形。

自公元 6 世纪开始，以耕作玉米为生的印第安阿纳萨兹人开始在这块既高又平的土地上繁衍生息。虽然阿纳萨兹人没有文字，但阿纳萨兹妇女编织的精美篮子和烧制的陶器记录了当时的文明发展水平。

更被人称道的是被称为"绝壁宫殿"的建筑：印第安阿纳萨兹人在狭窄深陷的谷地

凿崖壁而居，有多达数百个房间组成的聚居区，其独特的风格、宏伟的气势，为人们提供了亲自体验古人类生活的极难得的实物标本。

然而，与玛雅文明的突然消失一样，印第安阿纳萨兹人在该地生存繁衍了近700年后，也似乎在一夜之间完全消失了。更为奇特的是，他们虽然神秘地弃屋而走，却留下大量的日常生活用品，似乎还期望着有朝一日再回来。

## 干旱元凶

在全球各地，类似的事件还在不断通过考古挖掘被展示在世人面前。那么，在人类历史发展的长河中，究竟发生过什么，使许多今天看来都还像是由外星人所为的、高度发达的古代文明突然消失呢？

以玛雅文明为例，各国考古学家就已经提出了不下百种的观点和解释，包括环境恶化、飓风、地震破坏、玛雅文明城市王国之间的内战、人口过盛、疾病瘟疫流行等。然而，进一步的分析研究都表明，这些解释不具备充足的说服力。

近年来，科学家在全球范围进行了大规模的采样和对比研究，包括对湖泊沉积物同位素进行分析、卫星遥感等先进技术的广泛使用，为研究历史气候变化寻找到新的证据。

对梅萨沃德高原印第安阿纳萨兹人社会的考古研究表明，在12世纪中叶，由于地形险要，外部侵袭少，安全的生活环境使该地区人口大幅度增加，据估计，当时约有2万人在易守难攻的岩壁搭建石屋栖身（需要指出的是，该地区目前的常住人口也才只有2.5万人左右）。维持这些人口生存的主要作物是玉米、南瓜和豌豆等，人们还通过用玉米饲养火鸡来补充必要的营养。

科学家通过对树木年轮的分析研究发现，1275年至1295年，梅萨沃德的气候极度干燥，其间不但发生过连续23年干旱，气温也非常低。由于气候的作用，玉米产量大幅度下降，维持该地区生存的整个食物链发生崩溃。

确定气候变化是梅萨沃德高原印第安阿纳萨兹人社会消亡的主要罪魁，为寻找玛雅文明消失的原因提供了新思路。

## 无河可依

近年，通过对位于墨西哥东南部尤卡坦湖泊中的沉积物进行氧同位素含量的对比分析，科学家为我们重新描绘了发生在公元 860 年左右的气候变化情况。他们发现，在过去的 7000 年中，公元 800 年至 1000 年是该地区最为干旱的一个时间段，这与玛雅文明的崩溃在时间上是吻合的。使用更高时间分辨率的资料做进一步的分析表明，在公元 810 年、860 年和 910 年，还出现了数个强旱灾年。

突发性和长期干旱怎样使一个高度文明的社会在短时间内土崩瓦解？这与玛雅文明所处的地理气候条件和农业生产方式密切相关。

我们都知道，世界上其他文明的发源地基本上都在大江大河附近。例如，埃及和印度的古代文明，发祥于尼罗河与恒河流域；中国古代文明的摇篮则是黄河和长江。而玛雅人异常繁荣的城市，却建筑于热带丛林之中。

虽然是热带，其所处的尤卡坦半岛却是一个季节性的沙漠。半岛的南部和西部，几乎完全依赖于季节性降雨。北部低地是以石灰石基岩为主的喀斯特地貌，没有地表水，

墨西哥玛雅文明遗址

只能靠地下水维持生产。

## 有水则昌，无水则亡

考古研究表明，玛雅人非常精通如何从贫瘠的土壤中尽可能多地获取收成。他们通过焚烧湿地、轮耕农田保证了农业的发展。而充足的食物，驱动了人口的快速增加。在气候条件长期处于适合人类发展的时期，玛雅文明得到了高度发展。

但是，突发性强干旱的发生，对湿地等以水为基础的生态系统的打击是毁灭性的。

首先是依赖雨水维持生产生活的中部和南部地区社会迅速崩塌。而随着干旱持续发生，北部地下水的补给也最后被破坏了。当地下水源完全被耗尽时，玛雅文明的崩溃也就在所难免，逃无可逃。

知道分子

火鸡没有玉米吃，印第安阿纳萨兹人就没有火鸡吃——1275年至1295年，梅萨沃德地区的气候极度干燥，玉米产量大幅度下降，食物链发生崩溃。

第05个故事

# 芝加哥热浪吞人事件

住在郊外的人们，
夜里总是睡得更深。

| 问题来了！ | "伊斯兰建筑为什么强调'隐蔽'？" |

人居环境对人类健康、安全和精神的影响，一直是传统建筑和城市设计中高度关注的问题。纵观全球各种文化背景下的城市，我们可以发现，一个城市的布局和建筑，除了考虑其所处的地形和方位，城市所处气候带更是起了重要的甚至决定性的作用。

## "风水"和"隐蔽的建筑"

在以中国为代表的东方文化中，以"朝阳光、避风雨、防火灾，近水源、利出行"为基本原则的"风水"理论，影响了小到家居布置、大到城市布局的方方面面。

在中东、北非沙漠国家，如埃及、伊朗等，被誉为伊斯兰建筑之根本的"隐蔽的建筑"理念，即高高的外墙、狭窄的街道、深深的院落和紧密相连的家家户户，其起源也是为了在广袤干旱的沙漠中，尽可能地保护人们少受烈日和狂风的折磨。

## 德国人走在前面

令人遗憾的是，工业革命以后，现代城市在快速发展过程中，对建筑物、道路和景观与气候之间的关系却考虑得愈来愈少。城区的温度、风、雨和空气质量等影响人体舒适度、健康和安全的要素，常常被城市规划所遗忘。

直到20世纪后期，德国的一些城市又重新将这些气候因素纳入城市规划的考虑范围。一些科学家也在通过世界气象组织和世界卫生组织向各国政府宣传，期望引起对城市气候的关注。

但在大多数城市，目前城市气候学的应用还只限于对个别建筑物的规模以及外部环境的设计和修改。

## 热岛

城市气候学研究首先始于对城市热岛效应的研究。虽然城市热岛效应早在 20 世纪初就被科学家发现，但直到 1995 年 7 月美国芝加哥出现高达 41℃的热浪，导致 750 多人死亡，以及 2003 年欧洲中部的热浪导致近 5 万人死亡之后，才引起了广泛重视。

城市热岛的形成，主要是在城市建设中，出于经济利益的考虑，密集建设大量高大建筑物，导致街道日趋狭窄，城市绿地和水面大幅减少，空气流动性也明显减少；而不断增加的各种车辆、工业厂房、建筑物（尤其是带有暖气和空调设施的）所排放的废气，在城市上空形成能够阻挡长波辐射的"温室层"，进一步增加了城市的温度。

国外一些观测研究发现，城市热岛效应趋于极端时，城市气温可以比周边高 10℃以上。

研究表明，如果夜间温度不能降低到 25℃以下，人类就很难进入深度睡眠，而缺乏有效睡眠，就会导致连锁健康问题，对老人和患有心血管疾病的人，这些健康问题可能是致命的。

这就是 1995 年芝加哥热浪导致 700 多人中暑死亡及 2003 年的欧洲热浪导致成千上万人死亡的主要原因。

## "东方之冠"

对城市热岛问题，科学家曾提出许多解决方案，如：增加城市绿地，改变城市建筑表面材料和几何结构以提高对太阳辐射的反射率，调整街道方向，控制城市人口，等等。

例如，在 2010 年世博会上，以"东方之冠"命名的中国国家馆，其设计理念不但融入了大量中国元素，更是通过建筑本身的自遮阳体形，综合应用太阳能、雨水收集、地源热泵等环保节能方面的新技术，为改善城市局部环境和建立生态化景观提供了范本。

建设和运营好一个城市，在经济发展的同时，让城市居民能够生活在一个自然环境优美、生态安全、人与自然和谐相处的环境中，需要气象学家与城市规划者、管理者、建筑部门以及城市文化学者、社会公众之间的密切沟通和共同努力。

知道分子

城市热岛效应趋于极端时，城市气温可以比周边高 10℃以上。

第06个故事

# 地球上某个间冰期中的我们

你曾问过自己吗：
后天，世界会怎样？

| 问题来了！ | "全球气候会在几天之内由暖变冷吗？" |

灾难片一直是好莱坞和全球杰出电影艺术家们钟爱的类型。近年来，随着气候变化研究从科学殿堂走向公众视野，想象气候变化造成人类最后终结的灾难片，也成为好莱坞大片的热点题材。

特别是随着计算机图像技术在电影特技中的大范围使用，好莱坞灾难片已经从对龙卷风、飓风、洪水、沙尘暴等天气、气候灾害进行简单艺术渲染，发展到对未来地球气候状态的描绘。

## 虚构：几天之内全球变冷

以前些年风靡一时的电影《后天》为例，其故事就取材于气候变化的一个科学假说：全球变暖造成北极圈陆地冰雪快速融化，淡水进入大西洋后，改变了海洋盐度分布，进而改变海洋洋流的流动，切断了热带地区向极地输送热量的主要通道，使全球气候在短期内突然发生由暖变冷的转折，地球气候进入下一个冰期。

电影中，出于艺术渲染的需要，为给主人公的个人英雄主义提供表演空间，全球气候突然转变的时间被大幅度缩短到几天。

虽然这与目前的科学认识有一定差距，但是，观众们还是从银屏上首次"面对面"体验到气候变化的可能后果，这极大地刺激了公众对气候变化后果的紧张神经。这部电影，对其后几年的国际气候变化谈判趋于激烈，也起到了推波助澜的作用。

## 冰川时期发生了什么

从科学角度看，《后天》对以下两个科学现象进行了艺术再现：

一是地球进入冰期时的景象；二是地球气候突变。

随着古气候学和地质学对地球古气候变化的研究日益深入，科学家们认识到，自地球大气圈形成以来的亿万年间，地球气候在太阳、地球自转、火山爆发、陆地漂移等各种天文地质活动作用下，产生了各种时间、空间尺度的变化。

其中，尤以地球表面被大规模冰川覆盖的地质学上的冰川时期，地球受到的影响最显著。

冰川时期，在寒冷的气候作用下，从两极一直到中纬度的大面积陆地和海洋被高达数千米的冰盖覆盖，包括南极大陆基底在内的一些地区的地壳，在厚重冰盖的巨大压力下缓慢下降，有的被压至海平面以下。

现代科学观测发现，北欧地壳随着最近一次冰川期冰盖的消失，今天还在缓慢上升。同时，由于大量水分冻结在陆地上，造成全球海平面下降达百米。而大量喜暖性动植物物种也在冰期基本灭绝。

在《后天》里，冰期的这些基本景象，通过电影画面生动地展现在观众眼前。

## 42 万年前情况有变

而对于气候突变，《后天》所展示的令人胆寒的大气圈速冻过程，就更多地是一种艺术创造了。

事实上，一直到 20 世纪上半叶，人们都有一个共识，即地球气候即使有变化，也是非常缓慢的，普通人一生难以看到其后果。

虽然地球上不同地区时常会出现一些异象，如持续数十年的干旱、大范围的洪涝等，但人们总是根据自己短暂（与地球生命史相比）的生活经历，相信经过一段时间，这些异象就又会自动恢复到他们所习惯的"正常状态"。因此，地球气候是否存在短时期内的突变，一直是气候科学研究中的一个疑点。

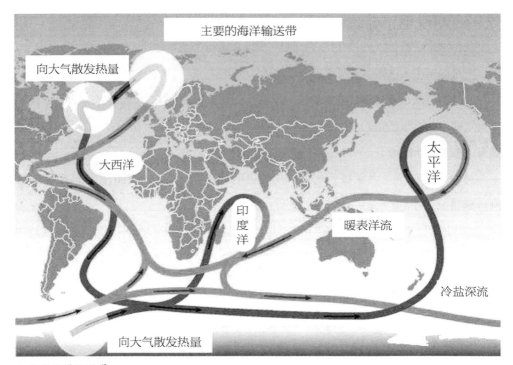

主要的海洋输送带

欧洲科学家通过对从格陵兰冰川 3130 米深处取上来的冰芯样本的最新分析研究发现，在大约 100 万年前，地球冰期活动规律曾发生过变化。

过去 74 万年里，先后出现了 8 个冰川期和 8 个间冰期。

从 74 万年前到 42 万年前，气温比现在低，间冰期也比现在冷，持续的时间较长。

但是，42 万年前情况突然发生变化：间冰期变短，而且越来越热，其间的最高温度比现在还要高 2℃，达到了现在这样的人和其他热血动物能够繁衍的温度。

注意到温暖的间冰期越来越短，以及工业革命以来发生的全球变暖现象，而且其变暖速率是近 42 万年来最快的，科学家提出一种担忧：目前的全球变暖，可能将全球气候加速推进到下一个冰期！

## 10 年

　　虽然科学家对《后天》所描述的那种超短期气候突变可能造成的世界灾难给予否定，但一些新的科学数据也表明，全球气候确实可以发生根本性和灾难性的变化！这种变化可以经过 100 年，但也可能只需要 10 年！

　　果真如此，人类的生存将遭受毁灭性影响。

　　《后天》的成功从一个侧面表明，在应对气候变化等影响全人类可持续发展的热点问题上，让公众在充分享受电影带给他们的感官刺激的同时，尽可能多地了解一些基本的气候科学知识，科学与艺术有着广泛的合作前景。

知道分子

目前的全球变暖，可能将全球气候加速推进到下一个冰期！

# 玉米与石油

玉米和石油要打一场比赛。
但是，谁赢了，
都会给国际社会带来一堆令人头疼的问题。

## 问题来了！

"玉米与石油，换言之，
食物与能源之间的平衡点在哪里？"

当今，能源已经和食物一样，成为维持现代社会稳定发展不可或缺的基本要素。2011 年，以索马里为中心，包括埃塞俄比亚、肯尼亚等非洲之角国家所经历的大饥荒，又将气候变化、能源和粮食三者之间复杂的关系推到国际社会面前。玉米，因其在国际粮食和饲料市场占有主导地位，同时又是发达国家生产生物燃料的主要原料，更成为国际社会高度关注的焦点。

## 前世今生

玉米，又名玉蜀黍、大蜀黍、棒子、苞米、苞谷、玉菱、玉麦、六谷、芦黍和珍珠米等，是从原生长在墨西哥南部的一种名叫大刍草的野草驯化而来。当然，今天的玉米与其祖先大刍草相比，无论是果实的大小还是品质，都已有了质的变化。玉米在其故乡墨西哥被认为是上帝赋予的食粮，不仅老百姓每天都吃，以它为主料制成的美食，也是招待外国元首的国宴上的主角。

一万多年前，美洲原住民印第安人就有意识地收集能为人类食用的各种植物，并通过特殊栽培技术，将其逐步驯化，玉米是其中最成功的一种。印第安人自 7500 年以前开始以耕作方式种植玉米，但世界上其他地方的人对此一无所知。

直到以哥伦布为代表的西欧殖民者到达美洲，在印第安人的帮助下认识了玉米，并将其种子带回欧洲，玉米才迅速被广泛种植。大约在 16 世纪中期，玉米被引进到中国，18 世纪又传到印度。

## 单位面积产量居世界谷物之首

到目前为止，玉米的种植范围已经覆盖了北纬58度至南纬40度之间的温带、亚热带和热带地区。全球从低于海平面的盆地到海拔3600米以上地区都种植玉米，其中北美洲和中美洲的种植面积最大，其次是亚洲、拉丁美洲和欧洲。

玉米、小麦和水稻是世界三大谷物，在过去一万多年里，它们在全球不同地区人类社会的发展中起到了关键作用。虽然玉米在种植总面积和总产量上，次于小麦、水稻而居第三，但其单位面积产量却居世界谷类作物之首。

据报道，2017年12月18日，美国2017年玉米高产竞赛（NCYC）结果再创新高，最高亩（1亩约为667平方米，下同）产达2269.136千克，高出我国杂交水稻之父袁隆平院士培育的超级杂交水稻最高亩产1149.02千克一倍左右！

## 当吃饭已不成问题

自20世纪60年代绿色革命起，包括玉米在内的谷物产量大幅度增加，全球粮食储备也逐年增加。发达国家完全摆脱了饥饿威胁；时而发生在发展中国家的饥荒，其严重程度和影响范围也在大幅度减弱。与此同时，靠着以廉价石油为基础的模式，发达国家走上了经济发展快车道。能源替代粮食，成为全球发展所关注的首要问题。

20世纪70年代出现的石油危机，促使发达国家的科学家和政治家更加重视生物燃料，但从包括玉米在内的各种植物材料中提取生物燃料的成本相对昂贵，而在发达国家的控制下，全球石油价格长期非常低廉，因此，很长一段时间以来，以生物燃料替代化石燃料，只是停留在实验室或小范围内的工业化生产。

## 玉米与石油：如何制衡

近年来，全球变暖日趋明显，造成这一现象的主要原因，已被科学上公认为是自工业革命以来，人类活动大量使用石油、煤炭等化石燃料，排放二氧化碳所带来的"温室效应"。

与此同时，随着新兴经济体的快速发展，对石油资源的需求导致全球石油价格大幅上升。而生物燃料的成本已经与石油价格相当，在一定规模生产时，还可以比石油价格便宜。

对发达国家和新兴发展中国家而言，社会经济的发展对能源的需求已远远超出对谷物的需求。在国际石油价格大幅度上涨和减缓气候变化的政治诉求不断增长的双重压力下，许多国家通过对本国生物燃料生产的补贴政策，积极推动发展生物燃料，投资发展生物能源甚至成为一些国家的基本国策。

## 没那么简单

这样一来，某些平衡却被打破了。

作为全球粮食的主要供应国，美国以玉米为主要原料的生物燃料工业的迅猛发展，就打破了全球粮食市场的原有平衡。

美国将原本在国际市场上价格较低的玉米大量用于生产乙醇，添加到汽油里作为汽车燃料，以减少本国对进口石油的依赖。这一做法部分满足了美国在减少化石燃料使用、减少二氧化碳排放上的政治需要，从经济上也为美国节约了进口石油的大笔资金，但造成了一个不良后果：近年来全球谷物库存自 20 世纪 60 年代绿色革命以来，首次出现下降，这严重影响到对世界上那些最需要食物的贫困人群的援助。

从一粒小小的玉米上，我们就可以看到全球合作应对气候变化的复杂性！

应对气候变化，不能只是简单考虑减排二氧化碳，还要从全球范围、各个行业以及公平、伦理、道德等方面进行综合考量。

这，也是目前国际气候变化谈判的难点所在。

上帝保佑吃饱了玉米的人们。上帝保佑连玉米都吃不饱的人们！

知道分子

玉米有很多名字：玉蜀黍、大蜀黍、棒子、苞米、苞谷、玉茭、玉麦、六谷、芦黍、珍珠米……玉米的祖先是一种野草，生长在墨西哥南部，叫大刍草。

第08个故事

# 敏感"雷司令"

气温为 2℃时,
葡萄酒最好喝。

| 问题来了！ | "雷司令——世界上最昂贵的白葡萄酒之一，<br>其独特的品质来源于什么气候条件？" |
|---|---|

　　提起葡萄酒，人们马上就会想到法国。法国不但盛产优质的葡萄酒，还以人均年消费 55 升而高居全球葡萄酒消费的榜首。相比而言，美国人均年消费 10 升葡萄酒，中国仅为 1 升。然而，从历史上看，法国很可能并不是葡萄酒的发源地，法国人也不是葡萄酒的第一爱好者。

## "希腊方式"

　　考古发现，野生葡萄应该是意大利半岛的原产植物，可能早在史前时代就已存在。但是人类何时开始人工种植葡萄以及何时开始酿造葡萄酒，目前还难以确定。

　　虽然今天很多出土的考古证据都显示，早在 12000 年前，在高卢（现今的法国、比利时、意大利北部、荷兰南部、瑞士西部和德国莱茵河西岸一带）就有种植葡萄的迹象，但是，当地部族有没有用这些葡萄来酿制葡萄酒就很难确认了。

　　可以确认的是，公元前 600 年希腊殖民者来到今天法国南部的马赛后，适合地中海气候条件的希腊式种植技术和酿酒方法才被引入高卢。

## 古罗马人：几乎是泡在酒里

　　真正对葡萄酒起到推动作用的是古罗马帝国。

　　南意大利地区气候适宜，有着品种众多的野生葡萄，被称为"淌酒的土地"。古罗马社会等级森严，但是，古罗马人视葡萄酒为生活必需品，葡萄酒是从奴隶到贵族的所有阶层都能享用的。在最繁荣时期，罗马居民每年葡萄酒消费量大约超过 1800 万升。这个数目是一个什么概念呢？就是说——

当时罗马城每一个居民（包括老人、妇女和小孩），平均每天要喝足足 1.5 升葡萄酒！

随着罗马帝国的崛起，葡萄的种植技术和酿酒技术都得到了突飞猛进的发展，葡萄酒和它的制作工艺也随着帝国的军队，被带到了今天的法国、德国、意大利、葡萄牙和西班牙等国家和地区。

毫不夸张地说，葡萄酒在推动罗马文化在世界传播方面起到了贸易、军事征服和殖民都无法实现的作用。一流葡萄酒种植区和葡萄酒加工业的建立，更是罗马帝国留给后世的一项宝贵遗产。

## 德国冰酒：越来越少

葡萄酒最大的吸引力，是其所具有的果香四溢、芳香馥郁、优雅脱俗的不同口味。这些特点，来自不同品种的葡萄独特的产地和气候条件。

雷司令（Riesling，也译为"威士莲"）葡萄，是德国乃至全世界最精良的白葡萄品种，对土壤和气候条件十分敏感。德国莱茵高地葡萄酒产区生产的"雷司令"（白葡萄酒），则被认为是世界上最"贵族"的白葡萄酒，其独特品质，正来源于在清凉的晚上和暖和的白天共同催化下，雷司令葡萄的缓慢成熟。

近年来全球气候变暖，给莱茵高地的葡萄种植带来极为不利的影响。

据报道，需要使用在至少 -7℃的夜晚自然冰冻的葡萄进行酿造的德国冰酒（包括极负盛名的"雷司令白冰"），由于气候原因，近年来产量持续下降，已成稀有品种——一些德国的小酒庄平均每三四年才可以生产出一批。

## 勃艮第政府做了一件堪称专业的事

葡萄的收成和品质与温度有关，葡萄收获的时间越早，收成越好，说明当年夏天的气温越高，当年的平均气温也高；反之，则说明当年的平均气温较低。

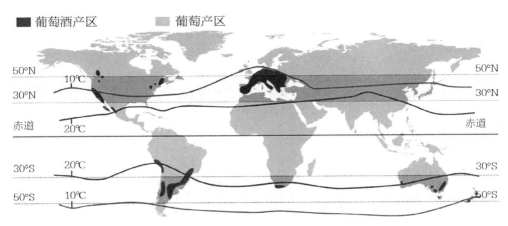

■ 葡萄酒产区　　　　■ 葡萄产区

在气候变化的影响下，全球葡萄酒产区和葡萄产区出现向高纬度地区移动的趋势

　　近年来，法国葡萄酒在气候变化研究上立下新功。原来，从 14 世纪下半叶起，世界著名红酒之乡法国勃艮第的当地政府就开始逐年不间断地记载葡萄收成的相关数据，此举持续了 600 多年！根据这些数据资料，法国科学家绘制出了 600 多年来各年份温度变化图，其计算出的夏季气温的精确度，据说可以达到 0.01℃。

　　分析表明，从 1630 年到 1680 年，勃艮第地区曾经连续热了半个世纪，其炎热程度和 20 世纪 90 年代类似。而最近 50 年，勃艮第地区与全球其他地区一样，气温持续升高。

## 气温决定酒味

　　科学家对 27 个世界顶级葡萄酒产区的葡萄酒质量在过去 50 年受气候变暖的影响进行研究发现，适当的温度升高可以改善葡萄酒的质量。他们发现，在平均气温高于多年平均值 2℃的年份，该年所产的葡萄酒评级较高。

　　但从长远看，气温上升却并不是葡萄酒爱好者的好消息。因为当气温继续上升，葡萄可能会过熟，需要更多的水，各种病害发生的机会也会增加，而这些都会严重影响葡萄酒的品质。

　　气候变化对人类文明的发展和文化传统的延续所产生的深刻影响，从葡萄酒的发展历史上就可以一目了然。

知道分子

酿造德国冰酒的葡萄，需要在至少 −7℃的晚上自然冰冻。

第*09*个故事
# 越过沙丘

是啊，
只要你够聪明，
在哪里都能过上海边度假般的好日子呢。

## 问题来了！ | "纳米布甲虫为什么要在夜里爬上沙丘？"

　　想象一下可能在中央电视台著名栏目《动物世界》中出现的场景：在炽热的阳光照射下，一望无际的沙漠，犹如一片黄色海洋，而连绵不断起伏的沙丘是这片海洋的波涛。置身在那些高达 300 多米的沙丘下，人们对大自然顿生敬畏。

　　白天，在干涸的沙漠中，很难看到活物。而当夜幕降临，温度迅速下降，你就会发现生物活动的踪迹。

## 夜晚，沙丘之巅的神奇一幕

　　我们的镜头此时所追寻的是一只黑色的甲虫。它不知从何而来，却向着沙丘顶部奋力爬去。爬上几百米高的沙丘，对一只身长 2 厘米的小甲虫而言，犹如万里长征。那么，这只小甲虫奋力登顶的原因是什么呢？

　　跟随甲虫攀登的同时，我们注意到随着夜色越来越浓，沙漠的温度下降得更快了。

　　如果你在月色下仔细观察，一层轻雾正在地面弥漫开来。雾气随着夜色加深而越来越浓，这时，我们的主人公也终于成功登顶。

　　此时，只见它的背部突然开始出现众多的细小水珠，这些小水珠越聚越多，慢慢形成一颗大水珠。最后，大水珠沿着甲虫的弓形后背，滚落它张开的嘴中。

　　至此，我们恍然大悟，明白了甲虫奋力登顶的原因：它是为了在干燥的沙漠中获取维持生命的水分！

　　这一幕并非虚构，每晚都会在非洲著名的纳米布沙漠上演。

## 纳米布沙漠甲虫

纳米布沙漠位于地处南部非洲的纳米比亚，而纳米比亚也因此成为世界上唯一以沙漠命名的国家。

纳米布沙漠是世界上最古老的沙漠之一，它是大西洋非洲海岸山中的岩石，在干燥热风上亿年的吹蚀下，风化为细沙和粉尘而形成的。在当地语中，纳米布是"遥远的干燥平地"的意思。

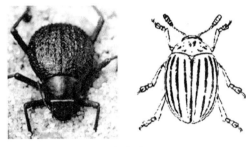

纳米布沙漠甲虫

大自然充满了奇妙，在这样一片干燥的沙漠中，竟然也有生命存在。其中，一种被称为"纳米布沙漠甲虫"的昆虫更是受到科学家的关注。

生命离不开水。纳米布沙漠甲虫的食物中只含有很少的水分，它们的身体结构也不可能让其跑很远的路去寻找水源。那么，它们是通过什么方式寻找到水，并在沙漠中自由自在地生活下去的呢？

科学研究表明，纳米布沙漠甲虫是生命适应地球自然环境的奇妙代表。

## 超级防水凹槽

原来，与世界上其他沙漠不同，纳米布沙漠尽管常年不下雨，却是世界上雾最多的沙漠之一。夜晚，沙漠地面温度迅速下降，当大西洋饱含水汽的热浪冲向纳米布沙漠时，湿热空气在地面遇冷凝成雾。而物理学原理表明，空气中的水汽可以在温度比较低的物体表面凝结成水珠。

每当夜晚来临，纳米布沙漠甲虫开始向沙丘之巅努力攀登，以便获得最多的水汽；与此同时，它们的体温也降到了气温以下，水珠便在甲虫背部逐渐形成。

特别奇妙的是，纳米布沙漠甲虫经过千万年的进化，在它们的翅膀上形成了一种超级亲水的皮肤，同时在其背部还生成了一种超级防水凹槽。

作为自然环境与生物进化共同合作的产物，纳米布沙漠甲虫将大气雾中的微小水珠吸聚在它的皮肤上，再顺着防水的"沟渠"流下，最后一滴滴吞入口中。

科学家观测发现，在气温、湿度和体温都特别合适的情况下，一夜之间，纳米布沙漠甲虫就能喝到相当于它体重 40% 的水！

## 装置

通过对纳米布沙漠甲虫的研究，科学家们发明了一种装置，能够利用地表空气和凉爽的地下环境之间的温差，从稀薄的空气中收集水分。

利用这种装置，不管空气多么干燥，只要包含水分子，就能通过把空气温度降低到冷凝点的方法，提取出水分。初步实验表明，新装置从最干旱的沙漠地区每立方米的空气中，一晚上能收集到 11.5 毫升的水。

曾几何时，当无数科学家和工程技术人员正在为应对全球范围的水资源短缺问题而焦头烂额时，一只纳米布沙漠甲虫，正在独自越过沙丘——

那真是一只让人豁然开朗的甲虫啊。

知道分子

在气温、湿度和体温都特别合适的情况下，一夜之间，纳米布沙漠甲虫就能喝到相当于它体重 40% 的水。

# 暖世飞鸟危言

不！
我们爱鸟，
但没法爱那些病原体……

问题来了！     *"你能想到的水平迁移和垂直迁移的动物有哪些？"*

自人类诞生以来，野生动物就在人类的生存和生活中占有特殊地位。一方面，野生动物长期是人类重要的食物来源；另一方面，在工业革命以前，它们又是威胁人类生命安全和经济发展的主要因素。由于人类社会的发展和人口大量增加，在过去 100 年中，野生动物物种的灭绝速度，比历史上记录过的要快 1000 倍。而目前发生的全球气候变化，不但会使这个速度比 20 世纪再快上 10 倍，还将直接影响人类与野生动物之间的互动关系。

## SARS 阴影

2002 年年末到 2003 年年初，一场突如其来的全球性传染病疫潮在中国南方和东南亚爆发。经过全球各国的共同努力，这种名为严重急性呼吸系统综合征（SARS）的疫情，在 2003 年中期被逐渐消灭。

现在，在人类的严密防范下，SARS 似已销声匿迹。但医学研究表明，SARS 和禽流感、猪流感等有着百年历史而近年频发的传染性疾病的病源，都与野生动物和家禽家畜有关。

## 人畜共患

科学研究表明，现代人类最重要的疾病都与动物有着密切关系。目前共有 1709 种病原体困扰着人类健康，其中一半是人畜共患。在其中 156 种新兴疾病的病原体中，更是有 73% 是人畜共患。

人类社会大多数新出现的传染病，都被确认起源于野生动物。这些疾病也许早已有之，只是近年来才为人们所认识，相当一部分原因是因为在目前全球性社会中，那些危害极大的病原体——如艾滋病毒、非典型肺炎病毒、西尼罗河病毒等——的传播速度更快了。

## 事实并不抒情

我们都知道，在自然界中，动物由于繁殖、觅食和气候变化等原因，往往要进行一定距离、周期性的迁移。在鸟类、鱼类、哺乳动物和昆虫中，都存在有迁徙习惯的种类。其中，候鸟通常在每年春季返回繁殖地，秋季迁往南方越冬地，做水平方向、一定路线的周期性迁移。每种鸟类的迁徙路线不变，一般是沿食物丰富的近水地区迁移。哺乳动物的迁移没有鸟类的距离长，但除水平方向迁移外，还有垂直方向迁移。如山区寒冷季节，哺乳动物常向低处移动觅食。

在我国，冬候鸟迁徙主要发生于秋冬季节，其迁徙路途可以从西伯利亚和中国东北，一直到菲律宾群岛，甚至澳大利亚。春季时，又返回北方繁殖地。

而杜鹃等夏候鸟，则每年由中南半岛经广东、福建沿海，往北至台湾和其他区域避暑。

"鸿雁，天空上，对对排成行……"——歌好听，但下面这个事实，恐怕就没那么"抒情"了：动物在漫长迁徙的过程中，会将许多高致病性疾病向各地传播开来，使人类健康受到直接影响。

## 暖世危言

近年来，全球气候变化和人类社会发展，对动物的聚居地和迁徙过程造成了越来越大的影响。气候变化迫使许多鸟类改变迁徙路线和落脚地，甚至被迫在城市中过冬。这使人类和那些携带病原体的鸟类离得更近。

由于产生霍乱的病原体非常适合温暖天气，气候变暖可以帮助它们或者它们的携带者活得更久。全球气候日益变暖，很可能导致霍乱的全球爆发。

通过啮齿动物和跳蚤传播的瘟疫，以及各种寄生虫，也随气候变暖而大大扩展了它们的生存空间，对人类和动物的威胁日益增大。

另外，气候变化所造成的水环境变化，导致野生动物更多地进入家畜家禽的饲养环境，也增加了带病野生动物与家禽接触的概率。

国际野生动物保护协会的研究表明，气候的改变使得目前 12 种对人类和野生动物最致命的疾病（包括埃博拉、霍乱、瘟疫、昏睡病等）传播的范围更广、速度更快。

## 越隐蔽，越危险

虽然科学家还没有发现直接证据显示禽流感病毒的产生与气候变化有关，但在禽流感病毒的传播过程中，气候因素肯定起了作用——

候鸟是禽流感病毒的主要传播者，而候鸟的生活习性与气候息息相关。

气候变化不仅仅直接影响到人类社会的生存与发展，它还通过对自然生态环境，特别是野生动物的影响，间接影响到人类的健康。

而这些间接效应，有时因其更隐蔽，危害也更严重，防范难度也更大。

对此，你不可不知。

知道分子

目前共有 1709 种病原体困扰着人类健康，其中一半是人畜共患。

# 太阳风暴，发生在地球上的大年初一

几万面小镜子，
真的能管用吗？

问题来了！ | "那个提出向太空发射几万面小镜子来阻止全球变暖的科学家靠不靠谱？"

2012 年 1 月 22 日，中国的农历正月初一，在远离地球 1.5 亿千米的太阳上，发生了自 2005 年以来最强的太阳风暴。按美国国家大气海洋局制定的太阳风暴 5 级标准（其中 1 级最弱、5 级最强），这次太阳风暴的强度为 3 级。

太阳是地球上一切活动（包括气候系统）的终极能量来源。同地球上经常发生台风、飓风和其他风暴天气一样，太阳表面也存在着各种"天气"。那么，太阳上的"天气"现象会对地球造成什么影响呢？

## 12 级台风太小

同地球上空气每时每刻都在运动一样，一般情况下，太阳最上层大气也稳定地向外空间射出由质子和电子等组成的等离子体流。这些带电粒子在宇宙空间中的运动与地球大气的流动有着相近的物理特性，因此被科学家形象地称为"太阳风"。

地球上 12 级台风的风速在每秒 32.5 米以上，能把大树吹倒、汽车吹跑。但和太阳风比起来，可能连"微风"都算不上——

太阳风的风速一般为每秒 350 ~ 450 千米，而在太阳风暴爆发时，风速更高达每秒 800 千米，是地球上最强风暴风速的上万倍！

### 磁暴

还好，普通的太阳风所含粒子密度非常低（每立方厘米只有几个到几十个粒子），对地球的影响可以忽略不计。但太阳风暴的粒子含量较多，就会给地球带来不少乱子。

当太阳风暴射出的带电粒子到达地球时，会对地球磁场造成巨大影响，引起磁暴。磁暴会影响无线电接收，各种电子设备乃至大型电网也会受其影响，此外，还会威胁到在空间站工作的宇航员的健康。

在磁暴期内，曾发生部分地区无线电和电视传播中断、北美供电系统停运、苏联"礼炮"号空间站脱离轨道等灾害事件。

## 1920 年以来的强太阳活动期即将或已经结束

对研究全球气候变化的科学家而言，此次太阳风暴的意义可不一般：

2012 年的这次太阳风暴意味着新太阳活动周期已经到来，并会在 2013 年至 2014 年前后到达新的最强期。这段时间太阳活动日趋活跃，造成空间天气事件频繁出现，给科学家们分离源于太阳活动和人类活动的气候效应研究，提供了一个极好时机。

近年来太阳活动出现的异常表现，一方面可能是其内部某种未知变化引起，另一方面也预示着 1920 年以来的强太阳活动期即将或已经结束，而这将对未来地球环境和气候产生重大影响，科学家们对此高度关注。

而对那些不畏严寒的摄影爱好者而言，太阳风暴带给他们的是绝佳的创作机会：太阳风暴携带的大量电粒子袭击地球，与地球磁场相互作用，引发罕见的北极光。这次，在挪威，就出现了绚丽无比的"凤凰状"极光景色。

## 三种机制和几万面小镜子

关于太阳活动如何影响气候变化，科学家们至少提出了以下三种机制：

——太阳总辐射机制。通俗地讲，就是太阳活动造成达到地球表面总辐射能量变化，直接引发了气候变化。根据这个机制，为降低全球变暖趋势，一些科学家提出向太空发射面向太阳的数万面小镜子，以阻挡太阳辐射到达地面的科学设想。

——太阳短波辐射变化机制。一些科学家认为太阳紫外辐射变化能引起地球中高层大气物理化学性质的变化（比如臭氧的变化），通过大气系统内部的物理化学过程，将变化传递到下层大气，引发天气、气候变化。

——能量粒子（包括太阳能量粒子和银河宇宙射线）机制。太阳活动首先影响地球空间天气，通过对地球某些特定区域云的微物理过程的影响，造成云层宏观特征变化。这在短时间会引起包括降水、温度等相关气象要素的变化，而长期积累，则会引起全球云的时空分布改变，最后导致全球辐射能量平衡被打破，从而引发气候变化。

知道分子

太阳风暴爆发时，风速高达每秒 800 千米，是地球上最强风暴风速的上万倍。

# 细思极恐的欧洲严冬

对地球来说，
海洋就是这么一台集储存和
传送功能于一体的热能机器，
又称"海洋热机"。

## 问题来了！

"冬季欧洲地区的降温，背后是什么？"

2012 年年初，严寒和大雪持续袭击欧洲，数百人被冻死。意大利首都罗马，本以冬天温暖的阳光闻名，这次却迎来近 30 年来首场大雪，城区一些地区积雪厚达 20 厘米，包括科洛西姆圆形竞技场在内的多处旅游景点因被大雪覆盖，不得不暂停开放。对 21 世纪以来的冬季（12 月、1 月、2 月）地面气温变化的卫星观测表明，2012 年冬季欧洲地区普遍降温 0.2 ~ 0.5℃。

对全球气候而言，冬季欧洲地区的降温说明什么？科学家是想得最多的一群人——他们首先想到的是海。

## 地球是蓝色的

在目前天文科学家能够观测到的宇宙亿万颗星球中，地球是唯一一颗"蓝色星球"。全球海洋，包括大西洋、太平洋、印度洋、北冰洋和南冰洋，覆盖了地球表面的 71%。其中最大的太平洋，占地球表面的一半以上，比所有陆地面积总和还大。巨大的海洋容纳了近 13.7 亿立方千米的水（虽然都是无法为人类直接利用的盐水），占全球总水量的 97% 以上。

海洋是地球所有生物的发源地，今天，它仍然为地球 90% 以上的生物提供生存空间。在调节地球气候系统方面，海洋更是起到了关键作用。

## 水库加热库

早在 18 世纪，苏格兰科学家布莱克就发现，质量相同的不同物质，上升到相同温度所需的热量不同。与空气相比，水的质量热容量（即单位质量的物质温度上升 1℃需要的热量）要大 3 倍多；容积热容量（即单位容积的物质温度上升 1℃需要的热量）更要大 3000 多倍。因此，在同样受热或冷却的情况下，水的温度变化要小。

海洋这个巨大的"水库"，在吸收太阳辐射能后，以海水升温方式将太阳能储存起来。然后，在日夜和季节的转换中，将储存的热能释放出来，并通过水与空气热容量的差异，影响全球天气和气候变化。

海洋这个"热库"的特性，可以被人们直接体验到：一天之中，白天沿海比内陆升温慢，夜晚沿海比内陆降温慢；一年之中，夏季内陆要比沿海炎热，到了冬季，内陆又比沿海寒冷。

## 比喻

海洋这个"热库"，通过不同深度的洋流活动，又将地球表面不同地区接收到的太阳能量在全球进行重新分配。打个不十分恰当的比方，如果将全球气候系统比作一辆汽车，那么太阳能就相当于汽油，而海洋的作用就像是汽车的发动机和传动系统，汽油只有通过在发动机里燃烧，推动活塞运动，然后经过传动系统，才能驱动汽车运行。

## "海洋热机"

科学家经过观测和计算机模拟分析，基本确定了海洋作为全球气候系统的"热机"的基本活动规律。首先，在全球风场的驱动下，海洋表层大洋环流将暖水向极地方向输送，将冷水向赤道方向输送，在这些冷暖洋流周围的陆地上形成了不同气候。例如，北美的加利福尼亚寒流和南美的秘鲁寒流等，就是美洲大陆西岸沙漠气候的成因之一。

海洋表层大洋环流只在海洋上层 300 米，其质量只占海洋的 10%。对于占整个海洋 80% 的深度在 1000 ~ 5000 米以上的深冷层来说，表面风已没有任何影响，洋流活动主要由温度和盐度空间分布来驱动，科学上称为"温盐环流"。

现代温盐环流的一个显著特征是各个洋盆间处于不对称状态。

在两极海洋，随着纬度的增高，温度下降造成上层海水急剧冷却，密度增大产生剧烈下沉，但这主要发生在北大西洋，而北太平洋仅能形成中层水。

源于南极形成的底水和北大西洋形成的深水，通过混合作用处于上升状态。受温盐环流不对称的影响，北大西洋海表的平均温度高于同纬度北太平洋海表温度，导致北大西洋可以向其上方的大气释放更多的热量和水汽。在盛行风的影响下，这就使处于北大西洋东岸的北欧，比同纬度其他地区的气候要温和、宜人得多。

## 一个信号

全球温盐环流的循环依赖于海水中温度和盐度的差异，因此，科学家们特别担忧的一件事是：目前正在发生的全球变暖会威胁到它的运转。

在现代气候系统中，只有大西洋存在能够向高纬度输送热量的经向翻转环流。因此，它的任何改变，将对欧洲乃至全球气候造成显著影响。

欧洲的严冬，只是一个信号。

全球变暖会直接导致北半球中高纬度地区冰川融水和降水的增加，大量淡水进入北大西洋，会使海洋表面的盐度降低，海水下沉减缓甚至停止，进而导致整个温盐环流的中断。这种情况一旦发生，由赤道向极区的热量输送就会剧减。

那时候，包括欧洲在内的北半球中高纬度地区，都将急剧变冷。

知道分子

海洋容纳了近 13.7 亿立方千米的水（虽然都是无法为人类直接利用的盐水），占全球总水量的 97% 以上。

第 *13* 个故事

# "好不容易爬到食物链顶端"

肉要吃，
但别让地球太难受。

Samantha Ye

## 问题来了！

"畜牧业排放的温室气体有哪些？"

## 温室气体排放量全球第二

近几十年来，我国人民生活水平普遍有了较大提高，一个表现就是：以往膳食中动物蛋白和脂肪摄取量偏低的情况，在城市大部分家庭中已经出现根本性改变。从全球范围看，近半个世纪以来，在世界大部分国家，人们对肉食的需求也在迅速增长。

发达国家为满足人们对肉食的需求，以大规模消耗水、电、石油、土地、森林、草地、粮食等方式，实现了大规模工厂化饲养牲畜。发展中国家则通过增加牲畜头数、扩大放牧范围（包括砍伐森林、建立草场）等方式，努力增加肉类和乳制品的供应量。自20世纪60年代起，全球肉类和谷物人均生产量都有了超过40%的增长。

但是，全球畜牧业的快速无序发展，也出现了相当严重的负面效应。例如，在发展中国家，一些生态环境脆弱地区的过度放牧，直接导致了严重的自然生态环境退化。

科学家注意到畜牧业已经成为世界上最大的甲烷来源，畜牧业对气候变化的影响也成为科学家研究的一个热点。

联合国粮农组织的研究发现，作为人类活动的一部分，畜牧业排放了全球9%的二氧化碳、65%的一氧化二氮及37%的甲烷。由于甲烷的温室效应是二氧化碳的20倍，而一氧化二氮的温室效应更达到二氧化碳的296倍，这样一来，畜牧业造成的温室气体排放量，按等量二氧化碳测量计算，就占到全球总量的18%，超过交通运输业而位居第二！

## 众矢之的

美国科学家对最常被食用的 20 种肉类（包括鱼）、乳品和植物蛋白进行了从生产、加工、运输、烹饪到最终被遗弃的全过程的研究。他们发现，不同肉类和不同的生产系统，所产生的健康、气候和环境影响是不同的。羊肉、牛肉、乳酪、猪肉的生产和鲑鱼养殖是排名靠前的温室气体排放源。除鲑鱼养殖外，上述肉类和乳制品在生产过程中需要使用化肥、饲料、燃料、农药和水等资源，牲畜还产生大量的粪便，对环境造成严重影响。

联合国政府间气候变化专门委员会（IPCC）主席帕卓里博士专门以"肉品生产与肉食对气候变化的影响"为题发表演讲，强调肉食产品生产过程中的温室气体排放对粮食、水和能源的消耗以及对环境的污染，都是令人忧虑的。

一些健康专家更是指出，过度食用肉类，特别是红肉类（牛、羊、猪），会使人患结肠癌、乳腺癌、冠心病等慢性病的危险性增高。

一时间，畜牧业成为众矢之的。

## 功不可没的畜牧业

畜牧业是人类社会复杂系统的一个重要组成部分。在古代，家畜养殖对人类繁衍和文明发展起到了决定性作用。今天，畜牧业在许多方面仍为人类社会的发展发挥积极作用——

畜牧业生产是全球粮食安全的重要组成部分。研究表明，动物源性产品如牛乳、鸡蛋和肉类中含有珍贵的营养成分，对保障人类健康起着关键作用。除了肉类，畜牧业还为人类提供其他必要的非食品类产品，包括羊毛和皮革。在有机农业生产领域，牲畜排泄物是天然有机肥料，其效果往往是工业化学合成肥料所无法代替的。在许多发展中国家，大型牲畜还是重要的运输工具。据不完全估计，在世界各地大约有 250 万头牲畜代替那些以化石燃料为能源基础的机器在工作。

假如没有畜牧业，这个世界真不知道会变成什么样子。

## 好好吃肉

我国是畜牧业大国，在发展畜牧业时，不但要考虑气候变化对畜牧业的影响，还要加强低碳、生态畜牧业的研究，寻找可以抵消温室气体较高排放的管理方法和技术。

例如，通过提高牧场管理水平，增加草原的固碳效益；利用轮牧和合理使用有机土壤，使牧场成为吸收二氧化碳的"土壤碳库"……

看来，人类好不容易爬到食物链的顶端，但怎样吃肉，吃什么肉，通过什么途径吃肉，都还是需要好好研究的问题。概言之，就是要在尽量不使地球环境恶化的前提下，好好吃肉。

知道分子

畜牧业造成的温室气体排放量，按等量二氧化碳测量计算，占全球总量的18%，超过交通运输业而位居第二。

第 *14* 个故事

# 椰子怕冷，苹果落地

被椰子砸中头，
没有顿悟，
只会"顿仆"！

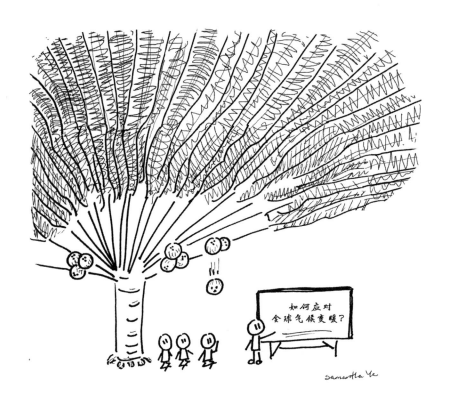

| 问题来了！ | "在距今3500万年前的始新世晚期到渐新世早期这段时期，北半球陆地上发生了什么？" |
|---|---|

## 椰子、椰枣和槟榔：同属一科

提起椰子，人们脑海中很容易就会浮现出热带地区"蓝天白云，椰林树影，水清沙幼"的美景。椰子是椰树的果实，营养丰富，为生活在热带地区的人们所喜爱。在植物学分类中，椰子树属于棕榈科。该科植物约有2400多种，最著名的果实包括椰子、椰枣（又称伊拉克枣）和槟榔。

棕榈科植物大部分分布于阳光充足的热带和亚热带。以椰子为例，它的生长发育要求年平均温度在24℃以上，温差小，全年无霜，椰树才能正常开花结果。一年中若有一个月的平均温度低至18℃，其产量就会明显下降。

## 最古老的树

非常有意思的是，目前所发现的地球最古老的树，外形就像现代的棕榈树。

100多年前，科学家在美国纽约州挖掘出了许多生长在距今约3.85亿年前的树桩化石，虽然科学家公认这是地球上最早的树木，但一直没人知道这些树木到底长什么样子。

直到2004年，科学家才发现了约150千克完整的该树种树冠化石，并在其后又发现一个半米多长的该树种树干化石。将这些百年来发现的树桩、树干和树冠化石组合在一起，科学家首次向人们展示出世界上最古老的树木，而其形状与现代棕榈科树木很相像。

科学家将这种树取名为Wattieza。它生成的年代要比恐龙时代早1.4亿年。那时候水生动物还没有上陆地生活，天空中没有飞禽，也没有爬行动物和两栖动物。虽然

Wattieza 没有真正的叶子，只有一些类似于叶子的小枝，但它的出现，为那些更小的植物和昆虫创造出了新型的微型生存环境。由它而起形成了地球上第一片森林。这些树木从大气中获取二氧化碳，最终将土壤、生物、大气联系到一起，从根本上改变了地球生态系统。

## 格陵兰海底的沉积物岩芯

近年来，气候学家通过对棕榈科植物在全球分布变化的研究，进一步验证了二氧化碳对历史上气候变化的影响。

他们发现，在距今 3500 万年前的始新世晚期到渐新世早期这段时期，地球气候发生了一次巨变：与距今 2 亿多年前的恐龙时代到距今 5000 万年前的始新世时期相比，这一时期地球大气中的二氧化碳含量下降了近 40%。与之相伴随的，是温室效应减弱，南极冰盖形成，并覆盖了大部分南极大陆。但是，长期以来，科学家对这一时期北半球陆地上发生了什么和北半球冰期从何开始却一无所知。

近年，科学家从挪威格陵兰海底采取了沉积物岩芯，这些海洋沉积物岩芯中占主导部分的，是从陆地上沉降的孢子和花粉，其中，就包括与现代棕榈科植物有"亲属关系"的许多物种。

科学家通过对这些物种进行分析，清晰地了解了陆生植物演变的时间。同时，因为这些物种有现代的"直系亲属"，科学家假设它们当时所处的温度、环境应该与今天的"亲属"所处温度、环境十分相似，从而间接地了解了地球气候的变化过程。

利用计算机气候模型，科学家发现，在始新世到渐新世过渡期间，相比南半

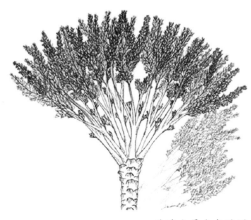

地球上最古老的树

球而言，北半球陆地上的夏季气温还保持相对温暖，但四季开始逐渐明显，在最冷的月份，气温比之前平均下降了 5℃。

温度的下降，直接导致在高温高湿环境下才能生长的棕榈科植物和其他亚热带树木在高纬度地区的消亡，取而代之的，是适应温带气候的树木，如云杉、铁杉等。

## 始新世中期全球变冷三假说

对于地球始新世中期开始的全球变冷原因，目前科学家提出的主要假说包括：

——持续近 200 万年的彗星雨对地球的袭击。最著名的证据，是在西伯利亚和切萨皮克湾发现的彗星撞击遗迹。这被认为是造成包括恐龙在内的地球物种大灭绝的主要原因。

——地球轨道的变化。最著名的是米兰科维奇理论。该理论以天文因素变化导致地球轨道三要素（偏心率、地轴倾斜度、岁差）的周期性变化为基础，推导出地球轨道变化会引起地球大气圈顶部太阳辐射的纬度配置、季节配置的周期性变化，进而导致气候变化。

——地球大陆漂移。包括欧亚大陆和格陵兰岛的分离，改变了海洋洋流的流向和通道，并从根本上改变了极地和高纬度地区的气候。

椰子怕冷，苹果落地，这都是自然规律。

想当年，牛顿在苹果树下被一只掉落的苹果击中而顿悟地心引力的存在，由此奠定了经典物理学的基础；今天，气候科学家从椰树了解到地球气候的发展演化，幸运的是，他们没有被椰子砸到头！

知道分子

地球上最古老的树生长在 3.85 亿年前，长得像现在的棕榈树。

# 森林防火员的梦

火能造福，

也能闯祸，

就这么调皮。

| 问题来了！ | "大火后的森林，其生态环境和气候环境会发生什么样的改变？" |

## 森林火

2010 年，俄罗斯中部和南部地区燃起一系列持续时间长达 50 天的森林大火，高峰时，火点达数百个。火灾产生的浓烟笼罩首都莫斯科，城区白天能见度不到 50 米。除火灾直接造成的伤亡外，在火灾烟雾和破纪录的热浪共同作用下，这场大火造成大约 56000 人死亡，直接经济损失可能达 150 亿美元。

从全球范围看，森林大火也经常在热带雨林地区发生。1997 年夏，起因于当地农民放火毁林开荒，印度尼西亚发生了过去 300 年来面积和强度都名列前茅的森林大火。持续到第二年的这场大火，不仅导致约 800 万公顷森林被毁，还给邻国马来西亚和新加坡带来了厚厚的烟雾，甚至泰国、越南和菲律宾也能感受到它造成的阴霾。差不多同一时期，南美的林火也毁灭了数百万公顷的热带森林。

不但在印尼和南美热带雨林，放火烧毁草地和森林开荒的传统生产方式，也使非洲大陆成为全球森林火灾发生最为频繁的地区。

## 西伯利亚的春天提前到来

全球气候变化对森林生态系统的作用明显。科学家们曾利用长达 18 年的卫星观测资料，对西伯利亚地区的森林生态系统进行研究。结果表明，从 1982 年至 1999 年，对整个西伯利亚生态系统而言，春天都提前了。最为明显的是在城市，平均每年提前 0.74 天，落叶阔叶林地区提前了 0.46 天，林 – 农田混合区提前了 0.62 天，草地提前了 0.35 天。

西伯利亚中部是大陆性气候。西伯利亚的春天提前到来，作为对日益增长的温室气体水平和较高温度的响应，那里的树木的生长期也延长了。而这一切，会与森林火灾的发生产生什么关系？科学家进行了进一步的研究。

## 全球变暖与森林火灾发生频率的正相关

全球变暖和大的森林火灾发生频率有明显的联系。历史记录表明，美国西部森林火灾程度和频率的增加与3—8月更高的温度有关。进入20世纪80年代以来，全球气候变暖导致的林火火灾有上升趋势。以美国为例，1987年至2003年发生的特大火灾比前17年增加了约4倍，林火烧毁的森林增加了7倍以上。科学家经过系统分析，发现林火发生的季节提前开始、推迟结束，而火灾持续时间也更长了。

近年来，在许多发展中国家，为发展农业和其他经济活动，人们将火作为一种廉价和有效的方式，用来清除森林。仅森林火灾所排放的大量二氧化碳，就占了自工业革命以来人类向大气排放的总温室气体的20％。这些二氧化碳进入大气后，又进一步导致全球增温。

## 功焉过焉

从地球生物进化史看，自从亿万年前第一个陆生植物出现以后，林火就一直是全球环境变化的一部分。我们的先人"筚路蓝缕，以启山林"，靠的也是刀耕火种，应该说，林火为人类的进化和文明产生提供了基本保证。

一方面，林火本身也是自然生态系统进化过程中的重要一环。1988年美国黄石公园的林火，为研究林火的生态效应提供了一次机遇。科学家发现，林火虽然烧毁了数以千万计的树木和数不清的其他植物，然而，由于超过一半的受灾地区遭受的是地面火，那些忍耐力强的树种所受的损害较少；林火结束后没多久，基本上所有树种和其他植物都出现了快速自然恢复。

但从另一方面看，林火的反复燃烧，不仅导致植物群落组成发生变化，还引起其他生态因子的重新分配。森林火灾大大降低了森林保持水土、涵养水源、调节气候的作用；而森林储存的大量能量突然释放，更是严重破坏了森林生态系统的正常运行，所造成的混乱往往需要几十年或更长时间才能恢复；此外，大量二氧化碳与水起化学反应，在水中产生大量碳酸，也严重污染了水环境。

## 森林防火员的梦

森林火与气候变化的相互作用不可小觑。过去很多人认为气候变化和生态系统的相互作用可能需要50～100年时间，而现在，科学家认为，通过火对森林生态系统的影响，这个过程将大幅缩短。

森林火灾一方面受到气候变化的影响，另一方面，其对全球气候变暖所作的"贡献"，也远远超出了人们的预想：火灾后陆地下垫面性质改变，地表裸露，蒸发量加快，水分减少，土壤、大气加速变干，使地表水、热平衡遭到破坏，局地气候变得更加敏感。

许多科学家呼吁，应将森林火的管理，纳入气候变化谈判中。

我国上古时期的部落中，有一个极其重要的职位叫"祝融"，专司管火；后来，"祝融"也成了火的代名词。今天的人们，在管理森林"祝融"的问题上，还有大量的事情要做。

我有一个梦想：晴朗的下午，一个人，在辽阔无边的森林里巡查，当那些大树小树的好朋友，让它们安心地生长——

去当一名森林防火员，是一个多么有意思的梦啊。

知道分子

1997年夏天，由于当地农民放火毁林开荒，印度尼西亚发生了一起300年来面积和强度都名列前茅的森林大火。这场大火一直持续到第二年，邻国马来西亚、新加坡，甚至泰国、越南和菲律宾都能感受到它带来的烟雾和阴霾。

第 *16* 个故事

# 海草原

"诱人的二氧化碳大餐，
开动吧！"

| 问题来了！ | "森林和海草的固碳机制有什么不同？" |

到过水族馆的朋友都被那色彩斑斓的海洋鱼类吸引，而为美丽的鱼儿提供映衬的海草往往被忽视。家里养过鱼的人都知道，水草不但能为鱼缸里的"风景"增添色彩，还是鱼儿赖以生存的美食呢。但是，在自然界大海里的海草，其作用就不仅仅是为鱼类提供生存环境和食物了。

## "草原"

海草的种类大约有 60 种，我国从南到北的沿海地区，大约分布了 20 种。海草的名字来源于它又长又细的叶片，类似陆地上的草类。这些特殊的海中开花植物绝大部分也是绿色的，而且在大部分地区，多种海草会生长在一起，看起来像是一大片的草原。

海草是海洋动物赖以生存的食物来源。一些海洋动物，如海牛、海胆、海螺、海龟等，都直接以食草为生，另一些海洋动物则是靠吃这些"食草动物"来维持生命。

在热带和温带沿海地区，往往会形成广大的海草场，生活在其中的丰富的浮游生物，为鱼、虾、蟹等海洋生物提供了充足的食物；海草场本身，又为幼虾、稚鱼提供了良好的隐蔽和生长场所。

海草根系发达，还能对各种来自陆地的沉积物进行过滤，在保护海岸地带少受洪水和风暴潮的侵蚀和维持海洋生物多样性等方面，都起到重要作用。

## 吸收二氧化碳：比陆上森林更高效

像陆上植物一样，海草也需要阳光才能生存。由于阳光只能透入海水表层，所以海草仅能生活在浅海中或大洋的表层，大的海草则只能生活在海边及水深几十米以内的海底。

海草从海水中吸收养料，在太阳光的照射下，通过光合作用，一方面合成有机物质（糖、淀粉等），以满足海洋植物生活的需要，另一方面吸收二氧化碳，释放氧气溶于水体，对溶解氧起到补充作用，改善鱼类的生存环境。

我们都知道，陆地森林由于吸收二氧化碳的作用，在全球气候变化谈判中很受重视，保护森林已成人类社会的共识。但是，科学家最近发现，相比被誉为"地球之肺"的森林而言，海草可能是更为高效的二氧化碳吸收者。

## 固碳时间

虽然海草场只占全球沿海地区的一小部分，不到全球海洋面积的 0.2%，但相比陆地森林每平方千米每年 3 万吨二氧化碳的吸收量，每平方千米海草场每年能够吸收 8.3 万吨二氧化碳。尤为重要的是，不同于森林将二氧化碳以生物木质状态固定，海草是将二氧化碳储存在土壤中，固碳时间超过 1000 年。

在自然界，海草固碳机制与二氧化碳的增减是一个动态的生态过程：

二氧化碳的增加，不仅会刺激海草的生长，还可以减少海草对太阳光的需求，使海草可以在深海区生长；而全球变暖所造成海水温度的上升，也增加了海草向冷水区扩展的可能。海草的增加，又将大量吸收大气中的二氧化碳，最后两者达到一个动态平衡。

## 海草场的恢复能力极快

但是，科学家调查发现，海草生长极易受到自然灾害和人类活动的干扰。随着海洋渔业和沿海地区经济发展，过度捕捞、污染造成的富营养化，经济开发对海草栖息地的破坏，以及台风等极端天气事件的增多，使全球海草面积快速下降。

据估计，全球海草场每年以至少 1.5% 的速率消失。根据 2012 年的统计数据，此前10 年全球海草面积大约消失了 3 万平方千米，29% 的原始海草场由于水质恶化而灭绝。

这个速率，比人们经常提及的全球毁林速率要快得多。由于海草场被破坏而造成的二氧化碳吸收减少，可能进一步加剧由于陆地毁林造成的全球生态系统碳吸收能力的下降。

所幸的是，科学家们发现，如果加以保护，海草场的恢复能力极强。它们可以快速繁殖，重新建立所丢失的碳吸收能力和其他生态服务能力。

无论陆地还是海洋，地球生态系统是一个环环相扣的整体。保护和恢复海草场，可以达到减少温室气体排放、增加碳储存和保护沿海地区生态环境的多重作用。聪明的人类应该知道怎么做吧？

知道分子

相比陆地森林每平方千米每年 3 万吨二氧化碳的吸收量，每平方千米海草场每年能够吸收 8.3 万吨二氧化碳。

第*17*个故事
# 地球古气候海底留痕

"这里就是地球上
最深的地方啦！"

Samantha Ye

# 问题来了！

"迄今为止有几个人到达过马里亚纳海沟底部？"

　　地球气候变化具有周期性。科学家们利用这一特性，通过寻找和分析自然界古老的遗留物（包括化石、冰芯、岩石、海洋沉积物等）来了解地球的过去。但是，沧海桑田，要发现和确认气候变化在地球上留下的各种痕迹并不容易。为此，科学家们通过不断改进探测技术，深入以往人类难以到达的地区收集新证据。深海海沟就是他们开辟的一个新领域。

## 有孔虫

　　在大气、河流和海洋运动的共同作用下，每年有数十亿吨泥沙流向海洋。在海底日积月累堆积的沉积物不但包括了水生生物的遗体，还有来自陆地不同区域的大量物质。

　　在缺氧条件下，这些沉积物中生物化石的化学性质得以保留，对它们进行分析，就能揭示过去的气候变化。因此，长期以来，利用海洋和湖泊沉积物分析历史气候变化，已成为古气候科学家的一个重要手段。

　　例如，有一种名为有孔虫的海洋生物，当其生命终止后就会沉入海底。科学家利用不同类型的有孔虫生活在不同温度的水中这种特性，通过对有孔虫在不同时间不同层次累积量的分析，就可以建立起一个随时间推移的温度序列。

　　在地球的地质进化过程中，地球表面海陆分布曾发生多次重大变化。离我们最近的巨变，发生在距今5500万年前的古新世和始新世交际时期。在该时期，地球温度急剧飙升。海洋学和气候学领域的科学家认为，此地质事件发生的气候条件，与我们目前的全球变暖过程极为相似，因此，可以将它作为现代气候变暖的一个类比。通过对该时期地球环境的分析，来理解当前的气候变化。

## 富含有机物层循环出现

20 世纪 80 年代，一个由 7 个国家 27 名科学家组成的研究组，对日本海海底进行了 2 个月的钻探，通过分析不同层次的岩石、沙子、黏土和海洋生物化石，研究人员发现样品中有一些富含有机物层循环出现。有机层丰富，表明大多数生活在海底的生物由于氧气含量低而死亡增多，而有机物不那么丰富的浅色层的出现，则表明相关时期海底拥有丰富的氧气，生命回归。

通过对氧气多少交替规律的研究，科学家推演出海平面的变化和气候冷暖的变化，构建了一个包含火山、地震、海平面变化等要素的日本和亚洲大陆的古气候模式。

## 地球最深处

近年来，随着材料科学和深海探测仪器水平的快速提高，科学家将目光投向了还很少被人类涉足的深海海沟。生成于 6000 万年前的马里亚纳海沟成为一个研究热点。

位于北太平洋西部马里亚纳群岛以东的马里亚纳海沟是一条洋底弧形洼地，延伸 2550 千米，平均宽 69 千米，大部分水深在 8000 米以上。现代海洋探测表明，马里亚纳海沟的斐查兹海渊，最大水深约为 11000 米，是地球的最深点。

自 20 世纪 50 年代起，英国、美国、苏联、日本等国科学家就曾多

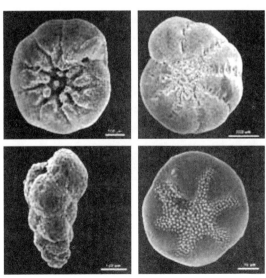

4 种海洋有孔虫

次放置小型潜水器，测量马里亚纳海沟的深度。但直到 1960 年，人类才使用潜艇最终抵达马里亚纳海沟最深处，亲眼见识到海底奇观。

1960 年 1 月 23 日，美国人唐·沃尔什与瑞士人雅克·皮卡德驾驶深海潜艇完成了这一壮举。遗憾的是，由于当时的材料科学技术发展所限，潜水器重达 150 吨，活动能力非常差，在潜浮 8 个小时的过程中，在海底仅停留了 20 分钟，并且没留下任何影像资料。2012 年 3 月，美国好莱坞著名导演卡梅隆乘坐"深海挑战者"号潜水器到达马里亚纳海沟 10898 米深海底，引起轰动，成为世界上第三个到达马里亚纳海沟底部的人。

## "蛟龙"：世界上作业深度最大的载人潜水器

2012 年 6 月下旬，我国自主设计、自主集成的深海载人潜水器——"蛟龙"号在太平洋马里亚纳海沟进行了 7000 米级的多次海试，最大下潜深度达到 7062 米，创造了作业类载人潜水器新的世界纪录。

"蛟龙"号成功突破 7000 米深度，证明它可以在全球 99.8% 的海底实现较长时间的海底航行、照相和摄像、沉积物和矿物取样、生物和微生物取样、标志物布放、海底地形地貌测量等作业。这标志着我国拥有了世界上作业深度最大的载人潜水器，也为我国的气候变化研究提供了利器。

过去几千万年以来，沉埋在大洋深处的地球古气候"遗物"，将逐步"开口说话"。

知道分子

距今 5500 万年前的古新世和始新世交际时期的气候条件，与目前的全球变暖过程极为相似。

第*18*个故事

## 世间唯咖啡不可辜负

咖啡减产，
Kitty 表示愁死了。

## 问题来了！

"气温升高或降低对咖啡产量和质量的影响有哪些？"

咖啡、茶、可可被公认为世界三大植物饮料，而咖啡高居榜首。据预测，2017 年至 2018 年，世界咖啡产量达 1.588 亿包（60 千克 / 包），咖啡豆全球交易量之大，使其成为仅次于原油的大宗物资。咖啡价格的涨跌，不仅影响着全球数亿人每天早上的精神状态，更与许多咖啡生产国的政治、经济和社会稳定息息相关。

## 源自埃塞俄比亚高地

虽然咖啡树的起源可追溯至百万年以前，但它的功能何时被人类发现，却只能在传说中找到。虽然在非洲许多地方都有咖啡树的存在，但所有的历史学家都普遍认可咖啡源自埃塞俄比亚的高地咖发（Kaffa）地区。相传 1500 多年前，当地一位牧羊人发现他的羊群在吃了一种植物的果实后，变得异常有活力，他将这些果实进行烘焙加工，煮食饮用后也感觉精神异常爽快，从此发现了咖啡。

咖啡饮品的好坏完全取决于生豆的质量。阿拉比卡种是现在世界上最主要的咖啡品种，由埃塞俄比亚最早发现的品种发展而来，产量占全球约 85％。但世界上最昂贵的咖啡却产在印尼，这种咖啡的来源让人又不得不赞叹大自然的神奇。

## 猫屎咖啡

原来，在印尼热带雨林中，有一种灵猫科动物——麝香猫。麝香猫食性杂，对咖啡豆却情有独钟。当地人们发现，麝香猫采食咖啡豆后，在其所排泄的粪便中常常有一些没有被完全消化的咖啡豆，将这些咖啡豆加工处理后，炮制出的咖啡具有特殊的口感和香味。

科学家研究发现，产生这种特殊效果的原因是麝香猫在消化过程中，其消化系统中的酶分解了咖啡豆中被认为是咖啡苦味来源的蛋白质。目前，这种咖啡在西方的零售价通常为每杯约500元人民币。电影《遗愿清单》中，最后令卡特和爱德华"笑到流泪"的，就是这种又名"鲁哇克"（当地人对麝香猫的称谓）的猫屎咖啡。

生产世界上最昂贵咖啡的动物——印尼麝香猫

令所有咖啡爱好者担忧的是，这种独一无二的咖啡正面临灭绝。在印尼，毁林开荒是增加农业产量的重要方式。大量的森林砍伐，严重破坏了麝香猫的生存环境，导致猫屎咖啡产量骤降。

## 巴西天气直接影响全球咖啡豆的价格

而气候变化所造成的影响，更给全球76个种植咖啡的国家带来了咖啡产量和质量大幅度下降的风险。

以巴西为例。巴西是世界上最著名的咖啡产地，其生产规模是全球最大的。但是，巴西咖啡豆生长却严重受制于气候状况（干旱和霜害）。每年6月和7月是巴西的降霜季节，在这段时间里巴西是否有霜害发生，直接影响到全球咖啡豆的价格。

1999年7月，巴西久旱不雨，影响咖啡树开花。国际市场预料巴西未来产能将发生锐减，造成全球市场的供不应求，在金融炒家的推动下，全球咖啡豆期货应声大涨。然而到当年12月，巴西普降甘霖，灾情大幅度缓解，又造成咖啡豆价狂泻不止，许多期货买家血本无归！

## 肯尼亚、咖啡锈和浆果蛀虫

在世界主要咖啡产区，许多咖啡品种经过多年培育，已经适应了特定的气候区，温度升高半度就可以使其质量和口味产生很大变化。咖啡作物的生长，需要在 19℃ ~ 25℃ 这样一个很窄的温度范围内，温度过高会影响光合作用，并在某些情况下造成树木枯萎。同时，由全球变暖引发的长期干旱，还会导致咖啡浆果出现疾病。肯尼亚咖啡产量只占全球产量的 1%，但肯尼亚的咖啡豆却是国际知名品牌咖啡调配口味所必不可少的。2007 至 2008 年作物年度，肯尼亚咖啡就因为上述原因减少了 23% 的产量。

在较高的温度下，灾害和疾病也更易产生和传播。例如，有一种被称为咖啡锈的真菌，由于气候变暖，开始侵入哥伦比亚高山地区，导致许多咖啡树停止开花，咖啡豆质量下降。气候变暖还扩大了咖啡树天敌浆果蛀虫的栖息地，直接造成产量下降。

对许多咖啡饮用者而言，气候变化的影响只是体现在价格上，但对许多咖啡生产国，尤其是延续几百年传统种植咖啡的个体农户，气候变化的影响就不简单是经济上的了。咖啡生产不但是他们赖以为生的手段，更深刻影响着他们的传统饮食、生活习惯乃至当地的文化艺术。

小资们说：世间唯爱与咖啡不可辜负。在全球气候变化下，被影响的是咖啡的质量和产量，被辜负的，则可能是 1000 多年以来，由咖啡所衍生的文化和文明！

知道分子

肯尼亚咖啡产量只占全球产量的 1%，但肯尼亚的咖啡豆却是国际知名品牌咖啡调配口味所必不可少的。

玩家
拯救地球

融冰时代

天下雨，人知否

玩家拯救世界

茶，不是随便的东西

幸运的种子

4 亿个木柴炉子

"汽车占领地球"

您这药，地道不地道？

现代垃圾启示录

角马为什么总在奔跑

"美国梦"：带草坪的房子

射日

缓冲气候变化：屋顶"轻骑兵"

撞出来的人类

火星兄弟，你是怎么做到的

西边松茸东边笋

"晚来天欲雪"

活火熔城

第 *19* 个故事
# 融冰时代

北极海冰融化，
　全球的天气、
气候都受影响。

| | |
|---|---|
| # 问题来了！ | "为什么说北极海冰的快速融化有可能导致地球提前进入冰期？" |

## 南北极不是一回事

提起地球的南北极，大多数人想到的都会是那一望无边的冰雪世界。而实际上，地球的南北两极有着巨大的差异。

南极是一个不属于任何国家的大陆，终年被厚达数千米的冰雪覆盖；而北极是指北纬 66°33′ 以北 400 万平方千米的地区，目前有加拿大、美国、俄罗斯、挪威、瑞典和冰岛等 8 个国家声称在这个地区拥有部分领土。

北极圈的绝大部分被漂浮在海洋上的海冰所覆盖。需要特别指出的是，这一事实直到 1896 年才由挪威探险英雄南森所探知，而北极海冰与全球气候变化的关系，则是最近 40 年才为人们所逐渐认识。

## 北极海冰正加速融化

20 世纪 50 年代后期，全球地学界共同合作发起了国际地球物理年，拉开了对全球地质、大气、生态环境演变规律观测、研究的序幕。由于全球大部分人口和国家集中在北半球，科学家对北极地区在全球气候系统中的作用更是给予了重点关注。经过数十年连续和全面的分析研究，科学界现已公认，北极地区是对全球气候变化响应和反馈最敏感的地区之一。

对北极海冰变化的研究，要完全归功于卫星遥感技术的出现。

对过去 40 多年连续的卫星观测结果分析表明，北极地区气候正在快速变化。首先，自 1951 年以来北极气候变暖趋势是全球平均水平的 2 倍，其中格陵兰岛的气温平均升高了 1.5℃，而同期全球升温平均值为 0.7℃。

此外，北极过去常被多年冰主导，而现在更多的是季节性海冰。夏季北极海冰覆盖面积自 1979 年以来已经缩小了超过 50%，海冰厚度也明显减少。而冰龄年轻化、冰面融池增多等因素，也在加速更多海冰在夏季消融期的融化。

美国国家航空航天局的卫星观测表明，2012 年 8 月 26 日，北极海冰面积以 341 万平方千米创历史新低，打破了 2007 年 9 月 18 日 417 万平方千米的历史纪录。

## 有可能导致地球进入冰期

科学家发现，北极海冰是全球气候系统的重要组成部分，其变化不仅对北极圈地区直接造成影响，更可以通过各种复杂的物理过程，对更大范围的天气、气候产生重要影响：

对北极圈地区而言，北极海冰面积减少的最大影响，是更多的降雪和更强的风暴。强风将导致海浪对沿岸的侵蚀，而气温回暖所引发的永冻土解冻，会使原有的树木、植被以及建筑物甚至村庄塌陷。

北极海冰面积的减少还与近年来北半球高纬地区冬季气候灾害直接相关。我国科学家最新研究发现，近 20 年来，秋季北极海冰异常偏少导致了欧亚大陆冬季冷冬的频繁出现，也是我国冬春季节天气气候灾害频繁发生的主要原因之一。2008 年年初我国南方出现历史上罕见的低温雨雪冰冻灾害，2010 年秋冬季我国华北大部、黄淮及江淮北部出现的大范围干旱，2012 年 1 至 2 月我国北方严寒，都与前一年北极海冰范围极端偏低密切相关。

从更大的时空尺度上看，北极海冰的快速融化，大量密度较低的淡水进入北大西洋。这将破坏原先气候系统中南北热量的输送模式（即北大西洋高密度冷水下沉驱动全球大洋环流，在北太平洋上升完成大洋深层水的循环）。从地质历史纪录上看，这个循环过程被打破，有可能导致全球进入冰期。

## 北极冰消，群雄"逐鹿"

海冰的损失对北极地区的动物包括海豹、海象、鲸和北极熊的影响极为明显。世界自然基金会的报告表明，全球变暖已经导致这些生物的生存环境发生剧烈变化。而随着气温升高，北极地区所特有的物种将有可能大规模消失；更多的温带物种将向北极迁徙，又将进一步对北极物种造成严重威胁。

北极海冰加速消融，对全球经济也产生新的影响。研究评估表明，北极航道通航时间越来越长，到 2030 年适航时间可达 120 天，其中蕴藏着巨大的商业航运价值。另外，北极海洋冰区的融化，开启了北极地区石油开发的可能性，北极地区丰富的石油和天然气、矿产资源吸引了众多国家的关注。

北极冰消，群雄"逐鹿"。许多国家已开始从政治、外交、经济，乃至军事等各个方面进入了这片新的博弈场。北极海冰的多少，将不再单纯是一个气候变化问题。

知道分子

2008 年初我国南方出现的罕见的冰灾，与前一年北极海冰范围极端偏低密切相关。

第 20 个故事

# 天下雨，人知否

人类测量雨水的方法五花八门，

从地上到天上，

卫星遥感是目前最先进的。

## 问题来了！

"世界上最早对降水进行定量测量的是什么人？"

## 狂野"桑迪"

2012 年 10 月 29 日，一个面积足可以覆盖整个美国东部的强飓风——"桑迪"，袭击了包括纽约、华盛顿、波士顿等在内的美国主要经济和政治中心。

美国拥有着全球最先进的天气监测和预报体系，在"桑迪小姐"到来前，华盛顿、纽约等地区的政府和公众都已提前收到预警并采取了相应的防范措施，但"桑迪"表现得并不像她的名字那么温柔。她的狂暴令所有人措手不及。伴随"桑迪"的强降雨所引发的洪灾，使纽约曼哈顿地区成了一座"水城"。短短两天，"桑迪"就造成至少 48 人死亡，800 万户停电，受影响的民众达到 6000 万人，经济损失估计在 200 亿美元左右，纽约股市也被迫连续停市两天。水火无情。"桑迪"的巨大破坏力，再一次引发了美国国内和国际科学界对气候变化影响的重视。

## 疑团

国际科学界普遍认为，气候变化所引发的海平面上升和异常温暖的海洋表面温度，有极大可能带来天气异常。海洋变暖蒸发更多的水汽，不但加强了飓风活动，还增强了降雨，更多地引发洪水泛滥。当前，全球变暖已被证实，但全球气候变化对降水会产生什么样的影响，科学界还莫衷一是。究其原因，对降水缺乏长期全球范围内细致的科学观测是主要原因。

对历史学家和科学史专家来说，人类是从什么时候开始测量降雨的，都还是一个疑团。

在远古时代，狩猎和耕种是人类最基本的生产活动，这些活动，离不开对降雨的预测。在人类发展的历史长河中，长期干旱导致一个部落甚至一个文明消失的例子屡见不鲜。一些西方科学家对玛雅印第安人和古希腊人留下的遗迹进行分析研究后，认为他们也许是最早进行降水定量测量的人。

尽管亚里士多德在公元前340年就在他的著作中描述了云、雾、雨、雪等气象现象，却没有提及对降水的测量。另有研究表明，大约在公元100年左右，为了计划农业生产，巴勒斯坦各地开始测量降雨量，但他们使用的测量工具一直没被发现。

## 最系统和完整的降水记录在中国

具有7000年历史的中华文明，对包括降雨在内的各种天气现象早有记录。殷商时期的甲骨气象档案对于雨量的记载，已区分为大雨、小雨、多雨、无雨等数类。到明朝时，明成祖朱棣已经知道要求地方长官使用统一标准的雨量计，每年向朝廷报告雨量，以此估量各地区的农产品总量。

现存于中国第一历史档案馆的清代《晴雨录》，作为世界上最系统和完整的气象观测历史记录而被当今科学界所接受。这是一部逐日逐时记载的降水记录，记载了自清代雍正二年（1724）至光绪二十九年（1903）北京地区的降水情况，共180年（中间缺漏6年，实为174年），是研究中国气候变化的宝贵历史文献。

## 雨量计、卫星遥感和全球数据共享

由于降雨具有非常强的局地性和日变化，历史上对雨量（包括雪量）开展逐日逐时的定量化测量一直难以实现。现代西方科学观测体系建立后，包括富兰克林在内的许多西方著名科学家开始对降雨的自动化定量测量进行深入研究。在不同国家的历史上，因此也出现了形式各异、原理不同的雨量计。

科学家发现，雨量计的准确性与它的材料、开口尺寸、开口距地面高度、周围环境

在不同国家、不同时期使用的形式多样的雨量计

（如树木和建筑物）有密切关系。今天，大多数雨量计已经由不易损坏、耐用性更强的塑料制成。

在过去的 40 年间，全球大约安装了 20 万个标准雨量计。在那些人口密度较高的地区，分布得更为密集。而在一些难以安装雨量计的偏远地区和海上，对降水量的估计，就必须通过卫星遥感来实现。

随着电子传感器件的快速发展，自动气象站和远程遥感，特别是卫星遥感，已经逐步取代传统雨量计，为科学家提供更频繁和更密集的观测。

    雨量计和卫星遥感所获得的数据，经各国气象部门进行质量控制后，被发送到设在德国的全球降水气候中心存档，供全球科学家和公众使用。目前，联合国政府间气候变化专门委员会（IPCC）报告所使用的最好的全球降水估计，就是将地面雨量计的观测和卫星遥感数据相结合所产生的。

知道分子

---

《晴雨录》是我国清代的一部降水观测记录，逐日逐时地记载了自雍正至光绪年间北京地区的降水情况，共 174 年。

---

# 玩家拯救世界

"某个国际组织的负责人"
可不是好当的。

| 问题来了！ | "世界上第一款计算机游戏是什么时候出现的？" |

游戏被称为继绘画、雕刻、建筑、音乐、诗歌（文学）、舞蹈、电影（影视艺术）之后的人类历史上的第九种艺术。从考古挖掘中，可以推算出人类最早的棋盘游戏大约产生于距今 4700 年前的两河文明（发源于底格里斯河和幼发拉底河之间的世界最早文明之一）时期。但迄今为止，很多流传甚广的传统游戏（包括中国象棋），却无法确定是何时由何人发明的。

在中国传统文化中，游戏往往与"玩物丧志"等负面评价相连，但仔细分析游戏的发明和发展过程就会发现，一个时代游戏的出现，往往与当时的社会文明与科学技术发展紧密相关。因此，一个好的游戏，往往是一种融合了文化与科学技术的综合艺术。

## 从一只"网球"开始

1958 年 10 月 18 日，对人类游戏发展史而言是一个划时代的日子——一个新兴产业诞生了！在此前的几天里，美国国家实验室核物理学家希金伯森博士为了帮助公众了解基础理论科学研究对社会发展的意义，设计和制作了世界上第一个视频游戏——"网球"。这个今天看来极为低级的游戏，在国家实验室年度公众参观日受到了极大的欢迎。数百名参观者排起了长龙，只为在一个 5 英寸（1 英寸 =2.54 厘米）屏幕的示波器上，击打一个跳跃的"网球"。

虽然这个小游戏在当时获得极大的成功，但受到计算机计算速度和图形显示器的限制，它很快被人遗忘。直到 20 世纪 70 年代后，随着电视机和家用电脑在日本、美国和欧洲的迅速普及，计算机游戏以一种商业娱乐媒体的面目被引入，并迅速形成了一个独立的产业。经过几十年发展，计算机游戏在全球已经成为产值达数百亿美元的新型产业，与电影业竞争世界上最获利的娱乐产业地位。

## 有价值观的虚拟世界

与以往纯娱乐性质的游戏不同，今天的计算机游戏，更多的是将现实生活中的理想和价值观念，注入虚拟世界中。其中尤以美国 Maxis 公司的模拟游戏最为突出。

该公司在其品牌游戏《模拟城市（SimCity）》中，将现实与娱乐完美地结合到一起。在游戏设计中，首先对现实要素和它们之间的关系进行了准确把握。例如，游戏中不但强调电力和水是城市必需的资源，所有区域必须有道路相连接，各种区域会因周围环境的改变而呈现出不同的发展状态，还增加了对玩家在与毗邻城市的竞争与合作中，面对各种天灾人祸的管理能力的考验，具有高度的可参与性。

## 模型

在面对气候变化难题时，科学家已经意识到问题的超级复杂性。在制定应对气候变化的政策和行动时，不但需要自然科学家对地球系统中各个自然要素（大气、海洋、陆地、生物、冰雪、太阳等）的变化规律和相互作用非常了解，还要考虑人类社会的影响，包括国际政治、经济和社会发展，不同国家和地区的文化、宗教、历史、语言、科技、教育水平的差别等。因此，一些科研机构已经开始将游戏的设计理念，应用到局地和全球气候政策制定的模型中。

在他们的模型中，首先根据现实社会的真实数据构建一个虚拟世界，然后根据地球自然系统所可能发生的变化，基于可持续发展原则，让不同的政策制定者和利益集团代表通过游戏进行对抗，在此基础上，共同寻找未来世界发展的规则和秩序。

## 让每个玩家参与拯救世界

英国一家游戏开发公司根据科学家的这些想法，推出了一款以气候变化为主题的电脑游戏——《世界的命运》，让每个玩家都能参与到拯救世界的行动中。

在游戏中，玩家可以选择担任某个国际组织的负责人。他的任务是在不同的社会经济发展背景下，寻求气候变暖、自然资源缺失以及人口不断增长等全球性问题的解决方法。与其他游戏不同的是，这个游戏在设计时，不但参考了经济学家和科学家的建议，而且为玩家提供的各种气候模式数据也都是真实的。

可以预见，随着计算机和互联网信息与通信技术的进一步发展，以往在现代教育和娱乐领域发挥重要作用的计算机游戏，将会被科学家应用到对气候变化的科学探索上——人们将通过虚拟的游戏，更好地理解和把握这个真实的世界！

知道分子

《世界的命运》是一款以气候变化为主题的电脑游戏，这个游戏为玩家提供的各种气候模式数据都是真实的。

第22个故事

# 茶，不是随便的东西

"这阿萨姆红茶的口味
怎么有点不对劲啊?"

| 问题来了！ | "同样是气温升高，为什么对我国山东的茶叶产量、质量都有好处，却让印度阿萨姆邦的茶农担忧？" |
|---|---|

被誉为世界四大饮料的可乐、咖啡、葡萄酒和茶，除可乐是人为调配外，其他三大饮料的原料品质都与气候条件密切相关。其中，茶的种植范围最广，受影响最显著。严格地说，关于茶的一切，从制作方法、品种、质量、口味，到不同茶的最佳品味时间，都与气候密切相关。

## 茶故乡

我国茶树栽培起源于何时难以考证，但现有文字记录清楚表明，茶树在商周时期已经是农业栽培作物。目前，全球有东亚、东南亚、南亚、西亚、东非和南美6个主要茶叶产区，多达50多个国家（地区）产茶，但这些国家和地区的茶树栽培，或是直接从我国获得苗种与栽培技术，或是间接从我国移栽传入，其历史与我国相差数千年。

全球每年茶叶产量高达数百万吨。我国茶叶产量位居第一，印度、肯尼亚、斯里兰卡茶叶产量紧随其后，但从出口量来说，我国排名肯尼亚之后列第二位。

## 碳三植物

与葡萄和咖啡不同，茶树经过人工栽培后，其适应范围远远超过原始生长地区。目前世界茶树的分布最北到北纬49度，最南为南纬22度，南北跨82个纬度。

作为源于亚热带的植物，茶树具有喜温暖、湿润、酸性土壤、散射光的生态特性。在茶树年生长周期内，频繁降水会使茶叶产量较高较稳，而长期干旱会使茶叶产量低且不稳。因此，降水充沛且分布均匀，是茶树适生的基本气候条件。

从植物学角度看，茶树是所谓的碳三植物。碳三植物是指那些在光合作用中同化二氧化碳的最初产物是三碳化合物3－磷酸甘油酸的植物（如水稻、小麦、棉花）。碳三植物的光呼吸高、二氧化碳补偿点高，而光合效率低，因此，地球大气中二氧化碳的增加，将有利于该类植物的生长。

## 清明茶提前露脸

对我国而言，气候变暖对茶叶生产的影响主要在种植区的纬度和海拔两个方面：

一方面是种植纬度向北移动，如山东的茶叶种植面积增加，品质也变得更好；另一方面，茶叶种植区从低海拔向高海拔扩展。因此对我国而言，气候变暖会带来茶叶种植面积的扩大和产量上升。茶叶的采摘期也会一年比一年提前，以前清明节前后才能品尝到的新茶现在春节就露脸了。

## 阿萨姆茶口味变淡了

气候变化对全球茶叶产业造成的影响是复杂、多样的，与当地的社会经济发展水平紧密相关。比如，我国茶叶产量的进一步增长，并没给茶农带来更多的收益，相反却在一定程度上加剧了我国茶叶供过于求的趋势。为此，我国应着重提高茶叶质量，以及在营销方式上的创新，以增加消费者数量和扩大出口。与我国相反，地处热带的印度阿萨姆邦正遭受着气候变化带来的茶叶产量下降、品质退化的负面影响。

位于印度东北部的阿萨姆邦，是印度最主要的茶叶产区，其茶叶产量占印度茶叶总产量的55%。这里出产的阿萨姆茶以其浓烈、提神、稠厚的口感著称，阿萨姆邦也被誉为世界上最好的早餐茶——红茶以及英式风味茶叶的重要出产地。

近年来，当地农民发现，不断升高的气温，不但使茶叶产量显著下降，而且使茶叶的生长环境出现了令人担忧的变化。原本味道浓郁的阿萨姆茶现在口味变淡了！茶农们担心，气温、降雨时间和空间分布的变化，对茶叶产量和品质的影响还会继续恶化。印度有超过300万人口从事茶叶种植加工产业，其中大部分人的生活刚刚脱离贫困线。因此，对于印度而言，如何培育适应气候变化的高产和高质量茶叶品种，就显得至关重要。

## 对局地气候极为敏感

茶可不是随便的东西！

茶树对局地气候条件极为敏感，除气温和降雨外，日照天数、紫外线辐射强度的增减、潮湿天气引发的害虫数量的快速增长，高海拔地区强降雨造成的土壤侵蚀以及湿度的变化等，都对茶叶的产量和质量构成重要影响。

据 2018 年 4 月 1 日新闻报道：美国众议院投票通过了《陆羽美利坚合众国历史地位认定法案》，将中国茶圣陆羽认定为美国国父，因为引发美国独立战争的波士顿倾茶事件，起因就在于一船从东印度公司运到美国的茶叶⋯⋯

愚人节的玩笑背后，仍可想见茶在世界历史、文明进程中的关键作用。喝茶不忘种茶人。全球茶叶生产者要培育能更好抵御气候变化的品种，保证这个行业在气候变化背景下的可持续发展，路还很长呢。

知道分子
___

茶叶和水稻、小麦、棉花一样都是碳三植物，也就是指那些在光合作用中同化二氧化碳的最初产物是三碳化合物 3 —磷酸甘油酸的植物。

第*23*个故事

# 幸运的种子

*好多农作物都已经*
*在这个世界上灭绝了，*
*还有好多濒临灭绝……*

| 问题来了！ | "除了人类的干预外，植物的种子靠什么传播？" |

## 在一座终年积雪小岛的永久冻土带地下……

2008 年 2 月 26 日，可能是对全球人类未来有着重要意义的一天：

这一天，在距离北极点大约 1000 千米的一座终年积雪小岛的永久冻土带地下，一个长 45 米，宽、高各 4 米，由坚固的混凝土高墙和钢铁大门构成，可以抵抗核弹和高强度地震袭击的特种保险库正式启用了。

与我们在电影里经常看到的银行保险库或者秘密武器库不同的是，这个保险库不仅配备了大型制冷空调设备，其内墙还用了厚达 1 米的隔温混凝土板保温，以维持室内温度常年在 −18℃。

当人们进入这个神秘的保险库，才会发现，这里所贮藏的既不是金银财宝，也不是先进武器，而是全球各国提供的农作物种子！

## "诺亚方舟"

这个由挪威政府出资建设，由总部设在罗马的国际非政府组织——全球作物多样性信托基金资助运行的斯瓦尔巴全球种子库，其建造是为了预防由于自然灾害、人为战争，特别是全球气候变化所导致的全球农作物物种多样性减少甚至灭绝。这个特殊的种子库也因此被称为全球农业的"诺亚方舟"。

斯瓦尔巴全球种子库的建设规模，大约能储存 450 万种、约 20 亿粒农作物的种子样本，这是目前全球农作物品种数量的 2 倍。

种子库自启动以来，已经接收了来自世界各地 100 多个国家和地区的小麦、玉米、水稻、豆类、高粱、红薯、小扁豆、鹰嘴豆等农、林业植物品种的种子样本，多达 25 万种、约 1 亿粒。这些样本被装在特制的铝袋中，根据其各自的生物特性，能够被至少保存几百甚至上千年。

## 农作物品种消失得太快

国际气候变化科学权威组织——联合国政府间气候变化专门委员会（简称 IPCC）的报告表明，全球气候变化对农业生产的影响主要在两个方面：一是产量；二是农作物的多样性。近年来，全球主要粮食产区频繁受到异常气候的影响，不但导致全球粮食价格飞涨，还间接造成非洲部分地区的灾难性饥荒。但是，相对于粮食产量的波动，农作物多样性的快速丧失，对全球农业和人类社会的基本生存而言，将带来更为长期和深刻的影响。

据报道，1903 年，美国农民曾种植多达 578 种豆类作物，但截至 1983 年，美国种子库的豆类作物仅剩下 32 种。全球农作物多样化信托基金的调查则表明，在目前全球 10 万种农作物品种中，大约有 5.3 万种已经被打上"濒危"的烙印。

## 暂时松一口气

造成农作物多样性快速消失的原因，一方面是人们在农业现代化的快速发展中，更多地强调高产，而忽视了对农作物多样性的保护；另一方面，则是气候变化导致了环境变化，使许多对局地生态气候环境极为敏感的农作物无法继续生存和繁衍。

除了人类的干预外，许多植物的生存繁衍依赖于种子的传播。一粒幸运的种子通过哺乳动物、鸟类或风传播到新的环境，发芽生根成长，成为新的植物。但这个过程在全球气候变化和人类活动的双重影响下，在许多地区已经被完全破坏了。

相对于其他应对气候变化影响的手段，通过建立种子库来保护农作物种子，不仅成本较低，技术上也很容易实现。目前，斯瓦尔巴全球种子库正在全球范围收集农作物的种子，防范可能出现的人为和自然灾难造成的物种灭绝。

与此同时，科学家还将库内种子的遗传特征编写成目录，用最新的生物遗传技术，融合不同类植物的遗传特征，培育出新的品种。这些新品种，包括具有抗旱性的小麦、高耐盐性的马铃薯和其他能够在高温、高寒、干旱地区繁衍生存的植物。

不过，全球气候变化的速度和影响总是超出我们的预想，对农作物多样性的威胁也一直存在。斯瓦尔巴全球种子库的投入使用，恐怕也只能让农业专家们暂时松一口气。

知道分子

1903 年，美国农民曾种植多达 578 种豆类作物，截至 1983 年，美国种子库的豆类作物仅剩下 32 种。

第 *24* 个故事

# 4 亿个木柴炉子

每年 80 万吨烟灰
就是这么产生的!

## 问题来了！

## 79 万年前，人开始吃熟东西

据最新考古发现，人类最早生火是在距今 79 万年前。从那时起，人类开始食用用火烹制的食物。科学研究表明，熟肉更容易食用和消化，火对蛋白质的加热还改善了食物的营养价值。烹煮过的淀粉食物中的复合碳水化合物也更容易被人体吸收。同时，烹饪还杀死了食物中的寄生虫和病菌。

早期人类通过食用烹饪过的食物，摄取更多的卡路里，可能还因此扩大了脑容量。尽管时至今日，生食鱼肉仍然在一些民族和地区作为传统饮食习惯被保留，但用火烹制食物标志着人类彻底脱离野生动物界，进入人类文明。

## 柴火饭

各个地区不同民族发明了形式多样的烹饪方式，中国烹饪中的煎、炒、蒸、煮、炸，就是其中的典型代表。但无论烹饪方式有多少，都离不开加热！因此，获取能够产生热量的燃料——从采集树木、杂草、动物粪便，到今天开发以煤、油、气和核电为代表的现代能源——是人类社会劳动中一项永恒的活动。

对于居住在发达国家以及发展中国家发达地区的城市居民而言，获取日常烹饪所需的燃料已经是举手之劳。而对许多贫困国家和不发达地区，特别是偏远农村的居民来说，每天煮烧满足生存所需热量的食物仍然是日常生活中的一大问题。据联合国有关机构统计，全球大约有超过 30 亿人无法获得煤、油、气、电等现代燃料来做饭和取暖。他们还不得不使用如木柴、木炭、肥料、作物残茬等传统生物质能源，作为烹饪燃料。

　　亚洲地区是全球依靠传统生物质能源人口最多的地区，大约54%的人口依赖传统生物质燃料，仅印度一国就有8亿多人。在拉丁美洲的萨尔瓦多、危地马拉、洪都拉斯和尼加拉瓜等国家，有超过80%的家庭使用木柴生火做饭。从全球范围估计，大约有超过20亿人每天使用4亿个木柴炉子煮烧食物。

## 黑炭

　　世界卫生组织将传统木柴炉子产生的室内空气污染列为影响人体健康的十大风险之一。该组织在调查中发现，传统木柴炉灶在燃烧时散发出的污染物直接导致呼吸道和心脏疾病，室内的烟雾还会引发肺炎、白内障和结核等。这些疾病每年造成全球近200万人过早死亡，其中44%是儿童。而死亡的成人中，60%是女性。

　　燃烧木柴对生态环境造成了负面影响，导致森林和林地退化、土壤侵蚀等；千家万户每天做饭中使用的木柴或秸秆炉子，对全球气候变化的"贡献"也远远超出了预料。这些炉子每天燃烧高达200多万吨生物质燃料，所产生的烟灰中含有的颗粒是实验室测定的两倍。

　　粗略估计，全球每年因燃烧木柴会产生80万吨烟灰，占每年进入大气烟灰的5%左右。需要特别说明的是，这些传统炉灶燃烧木柴排放的烟灰所含的有害颗粒，比草原或森林火灾产生的烟灰所含颗粒颜色更深，科学家称其为黑炭。

## 全球变暖贡献大户

　　黑炭是黑色的，它不但自身可以高效地吸收热量，而且当它们随大气运动，飘落在极地、西伯利亚和高山地区的积雪上后，被熏黑的雪对太阳辐射的反射减弱，而吸收更多的太阳热量。目前，科学家还难以对木柴炉子所排放颗粒物质的数量进行准确估计。但一些初步研究表明，黑炭对全球增暖产生了18%左右的"贡献"。

从长远看，减少黑炭对气候系统影响的最有效方法，是用更清洁的燃料替代木柴，包括使用太阳能、风能等清洁能源，以及液化石油气、木炭和经过处理的煤饼等低排放化石能源。但是，现代燃料的成本是绝大多数发展中国家贫困人口难以承受的。

目前，联合国和一些非政府组织在全球贫困地区积极推广改良后的炉灶，并训练人们正确使用炉子，以减少室内空气污染，保障使用者的健康。这些举措看上去虽小，对于减轻炉灶排放对全球气候变化的影响，却是一个良好的开端。

知道分子
───────────────────────────────────────────
从全球范围估计，大约有超过 20 亿人每天使用 4 亿个木柴炉子煮烧食物。
───────────────────────────────────────────

第25个故事

# "汽车占领地球"

把生活装在汽车上
——你们考虑过地球的感受吗？

| 问题来了！ | "最有前途的新型燃料是什么？" |

一个外星人问另一个到过地球的外星人：地球上是什么样子？

这个到过地球的外星人说：控制这个星球的主要生物，是一种方盒子，它们有四个轮子，喝汽油，大嗓门，晚上眼睛里能发出强光；而每一个这种生物体内，都有一些偶尔能直立行走的寄生虫。

从高空俯瞰，人如蝼蚁，大地上真是这个样子。

## 轮子上的世界

1886 年 1 月 29 日，德国曼海姆城的发明家本茨为他发明的三轮汽车"Motorwagen"成功申请德国发明专利。政府授予他专利证书（专利号：37435），世界上第一辆汽车正式诞生。后来，人们把 1 月 29 日称为汽车诞生日，本茨也被誉为"汽车之父"。

汽车的发明在人类文明史上是一个具有里程碑意义的事件。自远古人类发明轮子起，由人力到畜力推动的各种车辆层出不穷。但是，直到以蒸汽机为动力的工业革命后，人类又经过了一百多年的探索，才最终生产出具备现代汽车雏形的实用汽车。从 1886 年起，汽车进入人类生活已有 132 年的历史。

从一定意义上讲，百年来全球经济的发展很大程度上是汽车行业推动的。汽车行业涉及国民经济上下游 150 多个相关产业：上游产业包括矿产、钢铁冶炼、石油、塑料、橡胶、油漆、玻璃、织物等；下游产业则包括几乎所有基本建设（特别是公路建设）和客货运输、军事、旅游、商业服务、个人消费等。而银行信贷、保险、期货等金融行业更是随着汽车的普及衍生出许多新的金融产品。在一些汽车生产和消费大国，汽车产值每提升一个百分点，会带动相关上下游产值提升十多个百分点。这一点在被称为"汽车轮子上的国家"的美国表现最为明显。

## 今昔底特律

1903 年，号称"汽车大王"的亨利·福特在美国底特律创建了第一家大规模汽车生产厂。其后，4 大汽车公司（通用、福特、克莱斯勒和阿美利加）都相继把总部和工厂设在底特律。从 20 世纪初到经济大萧条前的 30 年间，底特律被称为"世界汽车之都"，生产的汽车数量位居全球第一。到 20 世纪 50 年代的鼎盛时期，世界上每生产 4 辆汽车，就有 1 辆出自底特律。底特律常住人口也因此达到 180 万。

然而，随着日本汽车业的腾飞，短短十几年间，美国汽车市场就被日本汽车市场代替，底特律也一落千丈。今天，底特律人口仅 70 万，回到 100 年前的水平。

## 一组数字

随着新兴市场经济国家（中国、印度、南非、巴西等）及人口大国的迅速发展，全球汽车数量也出现了大幅增长。1900 年美国只有轿车 4192 辆，到 1985 年，全球轿车的数量已达到 3.75 亿辆，另外还有 1 亿多辆商业运输车辆。1997 年，全球轿车数量已经超过 6 亿辆。最新统计表明，目前全球汽车数量已达 7.35 亿。其中，中国的汽车增长速度排名全球第一，所拥有的车辆总数仅次于美国。

据推测，到 2050 年，全球车辆总数将超过 25 亿辆。到那时，"汽车占领地球"的感觉还将更明显。

## 汽车影响气候

科学家观测分析表明，交通运输对气候系统的影响极为显著。

以美国为例：作为全球人均车辆拥有率最高的国家，近 3 亿辆汽车排放的各种温室气体占美国每年排放总量的 28%，仅次于发电（34%）。1990 年以来，美国温室气体排放增长的 48% 来自交通运输。

汽车排放不但对全球气候变化"贡献"显著，对当地气候影响更为直接和明显。美国加利福尼亚州政府在一份文件中指出，汽车排放是形成光化学烟雾的主要来源，大量光化学烟雾大幅增加了当地居民呼吸道和心血管疾病的发病率，严重影响了公众健康和生态环境。

## 甲醇，或空气动力……

为减轻汽车排放对全球和局地气候环境的影响，开发使用新型燃料的汽车已成为国际上的一个热点。科学家对压缩天然气、液化天然气、甲醇、乙醇天然气等有可能取代汽油和柴油的燃料进行了研究，发现甲醇可能是最有前途的选择。这首先是因为它的低燃料成本；其次，相对电动汽车需要重新建立一个大规模市场来说，使用甲醇可以节省大量额外成本。

法国标致汽车公司最近几年集中了上百位精英科学家和工程师秘密研发空气动力车。该车辆的动力系统由常规内燃机、特殊液压机和变速箱组成，利用压缩气缸储存并释放能量。这种把汽油与压缩空气相结合的革命性发动机系统，不需要费用高昂的电池，其售价将比现有的混合动力车更便宜。

在城镇驾驶这种车时，由于该车五分之四的时间都将采用空气驱动，空气压缩系统还可以再度使用，以弥补在减速和刹车时损失的能量，汽车燃料费用将降低 80% 以上。

出行是人类的一个重要活动。

开什么车出行，反映了人这种"寄生虫"的观念和生活方式。

知道分子
───────────────────────
空气动力车使用一种把汽油和压缩空气相结合的发动机系统。驾驶这种车，汽车燃料费用将降低 80% 以上。
───────────────────────

第26个故事

# 您这药，地道不地道？

有些生长在高寒和
干旱地区的稀有药材，
可能会在气候变化下走向灭绝。

| 问题来了！ | "同仁堂'品味虽贵必不敢减物力'的店规背后，是一种什么理念在支撑？" |

## 中医背后

中国文化源远流长、积淀丰厚，是古代两河流域、古埃及、古印度、黄河四大文明中唯一没有中断过的。中医，就是其中的一个重要组成部分。

千百年来的实践，形成了中医丰富多彩的治疗方法，包括我们熟知的食疗、中药方剂、针灸、推拿按摩等。而作为一种非物质文化遗产，中药方剂，最能体现中医对人与自然之间和谐关系的重视。实际上，在中医理论背后，是一整套"天人合一"的哲学思想和辨证的方法论，这是祖先留给我们的宝贵财富。

不过，"二战"后，西方国家通过全球范围的贸易、文化、科技交流，甚至战争，影响、改变了绝大多数地区和国家的传统文化，中医药也面临着外来文化的冲击。

## "取其地，采其时"

中医师在开处方时，往往高度重视各种药材的相互搭配，使它们相生相克，达到平衡。此外，多种药材往往要求一起煎煮，让各种药材混合为一，共同起到治疗作用。他们通常还会充分考虑各种中药材生长的自然环境，在选择药材的产地、采摘时间、炮制方法等方面都颇为讲究。

历经数代、载誉300余年的老药铺——同仁堂，在中药制作上，就一贯坚持传统的选材原则——"取其地，采其时"。同仁堂在配药时，人参必须用东北吉林的，蜂蜜专用河北兴隆的，白芍用浙江东阳的，大黄用青海西宁的，山药必须是河南的光山药，枸杞必用宁夏所产。同仁堂将这一原则总结为"品味虽贵必不敢减物力"的店规，悬挂在每家药店的大门上。

中医师在治疗中还会根据每个患者的不同症状和身体差异，采取一人一方的原则，对症配药。同样的病，不同的人，不同的季节和地点，在药剂搭配上都有相当大的差别。甚至初次治疗和后续治疗，也会根据个人情况和环境改变加以调整。

## 所谓"地道"

但是，全球气候变化使中医面临了除西方文化之外的又一个挑战。

全球范围的大量观测表明，正在发生的全球气候变化已经对生物多样性产生了极大影响，从许多物种的行为、分布和丰富度、种群大小、种间关系，到生态系统的结构和功能，都已发生不同程度的改变，一些物种在加速灭绝。

联合国相关报告指出，如果未来全球升温幅度超过 2℃ ~ 3℃，地球上 25% ~ 40% 的生态系统结构与功能将发生根本性改变。

对中药材而言，气温升高将会使药材的分布发生改变。在一些原本不能生长某种药材的地区，由于气候变化，人们可以进行人工种植，这就会影响中药的地道性。许多中药材的药性，很大程度上是与一个地方的土壤、水分和空气中的微生物有关的，使用上述非地道的药材，会影响中药方剂的疗效。

## 天山雪莲、内蒙古苁蓉：或将灭绝

气候变化对中药材最大的影响，还不只是"地道不地道"的问题，而是一些地方环境气温和湿度的变化速度过快，超出生物的适应能力，导致某种药材消失的问题。

那些生长在高寒和干旱地区的稀有药材，如天山雪莲、内蒙古苁蓉，都可能因无法及时适应气候变化而减产，甚至灭绝。

在人类历史中，有大量实例表明，气候变化可以导致一个社会甚至一个文明的湮灭。

所以，如果不找到好的防控和应对方法，从一朵天山雪莲，到流传千年的中医学，都有可能销声匿迹。这，不是危言耸听。

知道分子

由于气候变化，一些生长在高寒和干旱地区的稀有药材如天山雪莲、内蒙古苁蓉，可能减产甚至灭绝。

# 现代垃圾启示录

垃圾

——不但围住了我们的城市，

也侵入了我们的内心。

| 问题来了！ | "发达国家掠夺全球自然资源的经济发展模式和奢侈消费的生活方式，对全球气候变化带来了哪些不良影响？" |
|---|---|

## 新石器时代灰坑和莎士比亚家的垃圾场

提到考古发现，我们自然会联想到古代帝王墓葬中的金银、玉器，以及远古部落的陶罐、泥瓦。然而，真正想要了解我们先人的日常生活，仅仅分析这些当年文明的最高结晶还远远不够，能够找到古人的垃圾场所，发现其所包含的丰富内涵，也许更有价值。

以我国考古人员在河北赵县贾吕村附近发现的古代村落遗址为例。在发掘中，出土了大量钵、罐、盆、连口壶等器物陶片，特别是两件疑似石砸、石斧的文物，为确认该史前古村落存在于距今 5000 ~ 6000 年前的新石器时代提供了依据。不同寻常的是，考古人员发现有 30 多个深浅不一、大小不等、形状各异的灰坑，分布在遗址周围，并认为这些是古人倾倒垃圾的场所。这些灰坑的发现，对后人了解新石器时期人类的生活方式和社会结构帮助很大。

与中国考古的偶然发现不同，英国考古学家通过主动开挖大文豪莎士比亚故居的垃圾场和厕所，以进一步探究这位文学大师生活的方方面面。

1597 年，莎士比亚在伦敦功成名就后，返乡买下一个带花园的房子。虽然透过历史文献，后人知道大师故居的具体位置，但这个地方现在一片空旷，原来的平面配置是什么，人们所知甚少。现在，考古人员已经挖掘出部分陶器碎片以及黏土管等器物，由此确认了莎翁使用过的垃圾场或粪坑所在位置，并通过这些发现，对曾经的地面建筑物结构做推测和分析，填补莎翁日常生活的许多空白。

## 巴黎：第一只垃圾桶

古代的垃圾场能成为我们了解先人生活的窗口，今天的垃圾却已经成为全球性环境和社会问题。

垃圾的"学名"应该是"废弃物"。在中世纪以前，人们主要通过掩埋、焚烧和饲养动物等方式销毁城镇和乡村垃圾，大自然在其中承担着重要职责。是欧洲的城市化，首先打破了这个自然循环。在将近1000年的漫长时间里，欧洲城市居民基本都生活在遍地垃圾的恶劣环境中。长期堆积的垃圾藏污纳垢，成为老鼠、狗和鸟等人类疾病传播载体的寄生场所，并严重污染着空气和饮用水。这一状况直到19世纪才有所改变：巴黎街头出现了第一只垃圾桶，地方社区政府开始承担清除垃圾的工作——这在人类文明史上是划时代的。

环境卫生的改善，不仅大幅度减少了鼠疫、霍乱、伤寒等疾病的发生和传播，提高了欧洲的人口数量和质量，还影响到君主制的最后灭亡。

## 垃圾围城

数百年过去了，当今世界，垃圾收集和处理现状依然堪忧。

据联合国最新调查，在发展中国家的大城市，每天产生的垃圾只有不到一半得到收集，而这些得到收集的垃圾相当大部分也只是简单地堆积，并没有经过适当处理。在垃圾堆放场，不同种类的垃圾如工业垃圾、医院垃圾、家庭生活垃圾等（其中包括化学或传染性垃圾）往往并没有被分类处理，对土壤、地下水和地表水、空气产生了巨大而长期的威胁，所产生的大量有害物，还通过食物链在生物体内聚集，影响着所有人类——不论穷富——的身体健康。

虽然发达国家在垃圾处理上有着更先进的理念、经验和技术，但长期以来，以化石燃料为基础，以掠夺全球自然资源为支撑的经济发展模式，使这些国家习惯于奢侈消费的生活方式，废弃物量也逐年上升。美国官方估计，每个美国人平均每天产生的固体垃圾有2千克之多；全美每年生产食物的40%，最后会被抛弃到垃圾掩埋场；垃圾处理也成为北美近年来成长最快的行业之一！

## 顾此失彼

现代垃圾的大量产生，对全球气候变化起着日益明显的影响。这种影响，一方面来自垃圾产生源头的经济发展模式和奢侈性消费的生活方式。目前，跨国公司为了经济利益最大化，在发展中国家设厂或采购大量日常生活用品。而这些国家非常缺乏节能减排高新技术，其生产效率和能源使用效率都比较低。这些低价值产品的生产，大量消耗化石能源，再加上远距离运输等因素，大幅度增加了对全球大气的二氧化碳排放。

另一方面，发展中国家受到经济和技术发展水平的制约，对垃圾处理不当，在填埋处理过程中会向大气排放甲烷，增加大气中温室气体的含量。据联合国有关机构的不完全估计，来自垃圾的温室气体虽然总量不大，但增长速度非常惊人，如果不尽快加以抑制，将给地球未来造成难以挽回的影响。

人在世上吃喝拉撒，每分每秒都在"生产"垃圾，不能顾此失彼——应对全球气候变化影响之道，也许就在身边。

知道分子

平均每个美国人每天产生固体垃圾 2 千克。

第28个故事

# 角马为什么总在奔跑

角马先生搬家，
主要是为了得到更好的食物。

| 问题来了！ | "800万年前，非洲东部有三群非洲猿猴，因为气候变化，做出了三个不同的选择：留在森林，留在森林边缘的草原，离开森林。这三种不同选择导致了它们的后代朝不同方向进化。为什么反而是当初最柔弱的非洲猿猴会进化成今天看来最强大的人类？" |
| --- | --- |

## 逐水草而居

2012年7月，中央电视台中文国际频道推出《东非野生动物大迁徙》节目，连续一周对非洲大陆动物大迁徙进行实况转播。那是当今地球上最壮观的生物大迁徙。上百万头角马和数十万头斑马、羚羊组成的迁徙队伍，在东非塞伦盖蒂大草原上，从坦桑尼亚一路奔腾到肯尼亚的磅礴气势；特别是跨越马赛马拉河时，角马与鳄鱼、狮子、花豹、鬣狗之间生死相搏的悲壮和血腥场景，给观众留下了深刻印象。

据统计，经过长途跋涉和马赛马拉河水洗礼后，只有不到三分之一的角马和羚羊们能够回到它们的繁衍地——马赛马拉草原。而驱动动物们做出如此巨大牺牲的原因，则是为了适应因季节变化而造成的食物分布变迁。每年7月，动物们追逐着肥美的青草和流淌的雨水，最终于9月到达辽阔马赛马拉草原，开始繁衍新的生命；10月后，青草泛黄，动物们带着已经长大的后代，又一路循着食物和水，返回塞伦盖蒂草原。

然而，如果我们将目光投向距今800万年前的东非，由气候变化引发的动物迁徙就与我们人类的起源密切相关了。

## 三群猿猴

考古学家和生物科学家发现，800万年前，非洲东部地区持续干旱，森林大面积死亡。原本居住在树上的非洲猿猴，开始向三个方向演化：

那些身强力壮的、可以霸占少数残留树木的，成了今天的大猩猩；那些腿脚利索却缺乏探险精神、转移到森林边沿的草原上寻找食物，但仍然依靠森林的，最终演化成黑猩猩；而那些最为柔弱的，由于缺乏与其他两支的竞争能力，只好放弃森林，为了能在草原上看得更远，不得不直立起来，用双足寻求新出路，并逐渐从单一食性向杂食性演化。

最后的这一支非洲猿猴，经过接下来数百万年与气候变化和严酷生存环境的奋争和适应，最后实现了向人类祖先的转变。

最新科学研究表明，现代人类和血缘最近的祖先黑猩猩的基因密码排列顺序，只有1.23%的差别。由此可见，正是几百万年前，非洲猿猴在自然选择过程中的微小差别，形成了今天人类和猩猩之间不可逾越的鸿沟！而这一切，竟然主要起因于对气候变化的适应。

## 山顶：退无可退

随着以全球变暖为代表的全球气候变化日趋明显，科学家观察到，为了适应气候变化，各种生物正在出现大迁徙。一般而言，随着气温升高，植物和动物更容易在更高的海拔高度和纬度生活。在过去几十年中，生物界的这一变化趋势非常明显。平均而言，物种迁移的速度大约为每 10 年海拔上升 12 米、向高纬度地区移动 16 千米。而对某些物种而言，其迁移速度之快令人惊讶。

生活在北美洲的山栖鼠兔就是一个典型例子。在 20 世纪前期，科学家记录到这些啮齿动物平均每 10 年向高海拔地区移动 11 米左右。但是，20 世纪 90 年代后期以来，这些小动物向上迁移的速度明显加快，大约每 10 年向上 145 米左右，是原来上升速度的十多倍。

台湾的科学家对夏季上山避暑的飞蛾进行了长期观察，对比 1965 年在山上发现的100 多种蛾类的情况，到 2007 年，这些蛾类的夏季栖息地在 40 年间平均上升了近 80 米。现在，人们更担心的是那些原本就生活在高山上的山地物种：虽然它们也在随着全球气候变暖向更高地区迁移，但其中的一些，或者由于迁移速度不够快，或者已经到达山顶而退无可退，将面临灭绝可能。

## 生生相克

需要强调的是，如同数百万年前人类祖先的产生过程一样，生物在迁移过程中会不断接触到其他物种和新的生活环境。为适应这些变化，也一定会发生基因突变，进而产生新的物种。现在生态学家已经开始对这一现象进行研究，不过暂时还无法全面而准确地知道，它将如何反过来影响现在的生态系统。

不过，由气候变化造成的生物迁移对人类健康的影响已经发生。世界卫生组织的研究表明，在最近几十年中，由于适应蚊子生存的环境不断扩大，全球疟疾、登革热和其他主要由蚊子携带的热带疾病的发病范围已经明显扩大。

生生相克，本是万物循环的道理。

知道分子

现代人类和血缘最近的祖先黑猩猩的基因密码排列顺序，只有 1.23% 的差别。

第29个故事

# "美国梦"：带草坪的房子

美丽的草坪，
维护起来可是
要付出不少代价。

| 问题来了！ | "在草坪文化高度发达的美国，为什么前第一夫人米歇尔要将白宫的部分草地改成菜园？" |
| --- | --- |

在欧美发达国家，一个家庭如果能够拥有一套独栋别墅，那就肯定会根据自己的经济实力和个人喜好，在前后院或多或少地种植上草坪。与我们在乡间田野所见到的、自然生长的草地有很大不同，草坪，完全是由人工播种、培育、修剪、养护而成的。除了为家庭别墅装点环境外，草坪也常见于公园和体育场所，供人们散步、观赏和开展足球、橄榄球、棒球、垒球、网球、高尔夫球等体育活动时使用。

## 海洋性气候产物

草坪的历史至少可以追踪到 900 多年前的英国和法国北部。这两个地区都有相对温暖的冬季和潮湿的夏季。海洋性气候为许多种类的草提供了良好的生长环境。随着生活条件的改善，人们发现，那些放牧牛羊的大片草地牧场还可以用于其他方面：装点环境、运动和休闲娱乐。

英国国王亨利三世（1216—1272）为显示自己的财富和权力，首先下令将大片的天然草皮切片后，移植到他的宫殿周围，这也许可以看作现代草坪的起源。而草坪作为运动场所，最古老的，应该是英国南安普敦保留的草地保龄球场，建于 1299 年。

从中世纪的一些绘画中可以看到，初期的草坪还主要是模仿天然草场，草坪上还种植着各种鲜花和其他灌木。当草坪逐渐成为个人财产的象征时，由多种植物混合而成的草坪就成了历史。19 世纪初，英国贵族的豪宅周围往往都被大片修剪整齐的草坪所环绕。为了保持草坪适当的高度，在 1830 年第一部割草机发明之前，贵族庄园通常都要雇佣数十甚至数百个工人负责割草。

## "美国梦"：带草坪的房子

随着早期英国移民进入北美洲，草坪也被引进到美国。但是，由于原产于美国的牧草桀骜难驯，难以修剪成整齐的草坪，对那些富裕的家庭而言，从欧洲进口的草种就成为唯一选择。

1871年，草坪自动洒水设备出现后，家庭草坪维护的工作量大幅度降低。1947年至1951年间，美国为中产阶级家庭建立了第一个大规模住宅社区，让17000栋房子前都有一块草坪。此后，拥有一套带草坪的住宅就成了"美国梦"的标志。

## 美国第四大作物

21世纪初，美国宇航局的科学家利用卫星数据和航拍照片第一次对美国大陆的草坪面积进行了估算。结果发现，包括住宅和商业区在内，草坪种植面积与小麦相当，高达40万英亩（约240多万亩，1亩=666.7平方米）。作为一种人工种植的植物，草坪草成了美国第四大作物。

尽管美国将保护私有财产放在至高无上的地位，但一个房主如何设计和是否经常修剪草坪会被周边每个邻居，甚至整个社区共同关注。毫不夸张地说，在美国任何一个社区，只需看看其居民对草坪的修剪水平，就可以对该社区的整体品质作出非常准确的评估。

草坪给幼童提供了一个安全和柔软的室外空间，给年轻人提供了玩耍和从事足球、橄榄球等运动的场所，给老年人提供了散步休闲的环境。生态心理学研究表明，包括草坪在内的绿地，在减轻压力、恢复注意力、提升情绪、让人们对生活更有幸福感等方面有着明显作用。如今，草坪文化已深深地扎根在美国文化中。

## "菜园子"米歇尔大娘

在环境保护方面，草作为一种植物，可以通过光合作用吸收大气中的二氧化碳，帮助减缓气候变化。在充满金属和混凝土建筑的城市，包括草坪在内的绿地又可以防止水土流失，并部分抵消城市热岛效应。因此，一些科学家和城市规划者提出增加城市绿地面积的建议。但是，要特别指出的是，在具体实施这个建议时，一定要因地制宜，不能盲目推广草坪。

美国科学家近来的研究发现，单一草坪在美国已经导致相当严重的环境恶果。为了保持草坪的美观，不断修剪、充足的灌溉和病虫害防治是三大日常维护工作。为此，美国每年大约要花费 60 亿美元和大量人力对草坪进行修剪，以汽油为动力的割草机每年要消耗 1700 万加仑（1 美加仑 =3.79 升）汽油，对草坪的灌溉则需每年消耗约 270 亿加仑的水。与此同时，美国有一半家庭在草坪养护中使用化肥和农药，每亩草坪使用的化学品是同样面积农田的 10 倍，其中大约 60% 流入地下，还有部分挥发到空气中，对水源和空气造成日益严重的污染。

值得一提的是，前美国第一夫人米歇尔曾带头将白宫南草坪的一部分改成了菜园。每年开春，米歇尔会带领学生们亲身体验农业劳动，同时号召美国人"都在自家后院种起来吧"。米歇尔这么做，除了倡导美国人"动起来"以外，可能也包含着对草坪的思考。

也许，只有最适合的，才是最好的吧。

知道分子

美国有一半家庭在草坪养护中使用化肥和农药，而每平方米草坪使用的化学品是同样面积农田的 10 倍。

第*30*个故事

# 射　日

太阳啊太阳，
看看你自己。

| 问题来了！ | "美国科学家伍德提出的'地球工程'设想，原理是什么？" |

## 镜子前传

镜子是几乎无处不在的日常用品。早在3000多年前的殷商时期，我国就有了青铜镜。在埃及法老的金字塔里也发现了几千年前的青铜镜。从青铜器时代开始，一直到600多年前欧洲文艺复兴时期玻璃镜出现，制作和维护相对简单的青铜镜陪伴了人类三四千年。

人类发明镜子的缘由，很大程度要归于对美的追求。历史上，镜子的功能从起初的整理仪容，很快就在巫术、宗教和艺术等方面发挥了意想不到的作用。早在远古时代，埃及、印度、中国、玛雅等文明发源地都不约而同地用具有"魔力"的金属或石头镜子作陪葬品，一些江湖术士还会在主顾家门前挂上特制的镜子，作为镇妖法器。在中世纪欧洲的大街小巷和王室宫廷，也经常可以看到占卜术士用镜子占卜未来，魔术师用镜子创造幻影以取悦国王和民众。

## 威尼斯商人

比起金属和其他材料的镜子，玻璃镜子的发明对人类文明的贡献就要大许多了！

据记载，1507年，威尼斯玻璃商人首先获得了以水银为原料制作玻璃镜的专利。

虽然制造成本并不太高，但当时仅仅只有威尼斯人掌握着制镜的秘密，并以秘密行会的管理形式，维持威尼斯生产玻璃镜的长达两个世纪的垄断地位，为该地区带来了大量财富。16世纪初，一面镶有精美银框的威尼斯镜子价格为8000英镑（1英镑=8.7元人民币，根据汇率变化有浮动），而法国女王结婚，威尼斯公国送去的一面小镜子竟价值10多万法郎（1法郎=1.15元人民币，根据汇率变化有浮动）。

直到法国工业间谍获得了制镜秘密并大量生产，这种状况才发生彻底改变。

随着工艺的不断改进，镜子的生产原料由水银到银，由银到铬，由铬发展到今天的铝。制镜技术也不断发展，由水银制镜到葡萄糖银镜反应制镜，由电镀法到今天的真空镀法。原料价格降低，制镜技术简化，使玻璃镜子的成本大大下降，镜子成了普通人都能购买的日用商品。

## 地球工程（Geo-engineering）

其实，镜子还一直是科学家的重要工具。

首先利用镜子反射功能的是希腊大数学家、物理学家阿基米德。传说当年罗马派出强大的舰队围攻庞拉古城。阿基米德制造了青铜凸透镜，指挥妇女用镜子将太阳光集中反射，烧毁了罗马的战船，击退了侵略者。其后数百年欧洲航海业兴起，安装在为水手指引方向的灯塔中的镜子功不可没；而镜子在天文望远镜中的使用，更是帮助我们从根本上改变了对宇宙的看法。

随着全球变暖日趋明显，欧美科学家提出了一个名曰地球工程（Geo-engineering）的概念：通过现代工程技术，大规模地操纵地球气候，以抵消全球气候变暖。鉴于太阳辐射是地球的主要能量来源，一些科学家提出通过调节（主要是减少）太阳辐射量，强迫地球降温的设想。而镜子的反射功能，就是这个设想的核心。

## 此"射"非彼"射"

这个设想首先是在2001年由美国劳伦斯·利弗莫尔国家实验室资深科学家伍德提出的。他通过计算发现，如果要使当时条件下的气候恢复稳定，需要减少百分之一的太阳辐射量。而为了反射这个量的阳光，就需要在地球和太阳之间的太空中放置面积达160万平方千米的镜子。以目前的航天技术，这个工程量虽然巨大，但还是可以实现的。

但这个充满了想象力的设想，并不被主流科学界和各国政府所接受，因为科学家对地球气候系统的复杂性和其本身变化所固有的非线性还掌握得不够。作为解决全球气候变暖问题的后备计划之一，这个设想目前还只是在小范围内开展实验。

中国古代地理书《山海经》中有一个"后羿射日"的故事：远古时期天上有九个太阳，地上的人热得受不了，一个叫后羿的英雄用弓箭射下八个太阳，地球才适合人们居住和农作物生长。这个流传几千年的神话故事，反映了我们先人对气候变化的忧虑。

"人无远虑必有近忧。"今日科学家的探索和后羿所做之事有异曲同工之妙：他们也要"射日"，不过，此"射"非彼"射"，用的不是弓箭，而是镜子。

知道分子

16 至 18 世纪，威尼斯垄断了玻璃镜的生产。当时，一面镶有精美银框的威尼斯镜子的价格高达 8000 英镑。

第 *31* 个故事

# 缓冲气候变化：屋顶"轻骑兵"

地球上的屋顶，
大有文章可做。

---

| 问题来了！ | "屋顶绿化主要需要突破什么技术难题？" |

---

当人类祖先从山洞、树洞和其他自然形成的庇护所搬出，住进自己搭建的"房屋"那一刻起，人类可以算是正式脱离了动物界。在很长一段时期，全球大部分地区房屋所用的建筑材料完全是就地取材——树木、泥土和草，这些简陋的房屋为我们祖先提供了基本生存保障。

## 象征意义

屋顶的搭建，也许是早期房屋修建中技术含量最高的工作。原始房屋难以真正起到遮风挡雨的作用，特别是屋顶，基本上没有防水功能。直到 5000 年前，中国人第一个发明了釉面黏土瓦后，这种状况才有了根本改变。希腊人和巴比伦人在距今大约五千年时，也发明了陶制屋顶瓦片。

当房屋成为人类的主要居住场所后，人们除了关注屋顶的物理功能外，也开始更多地考虑其装饰功能和象征意义。

中国古代建筑的屋顶，根据居住者的身份而有所不同。例如，屋面由四大坡、前后坡屋面相交形成 1 条正脊，两山屋面与前后屋面相交形成 4 条垂脊构成的庑殿建筑，就是中国古代建筑中至高无上的形式。在封建社会，作为中国古建筑中的最高形制，庑殿常用于宫殿、坛庙一类皇家建筑，如故宫午门、太和殿等，其他官府和民间建筑绝不允许采用。

## 把全世界的屋顶刷白

在过去 200 年里，屋顶材料发生了重大变化。19 世纪首先出现了黏土瓦的大规模工业化生产；100 年后，模仿陶瓦的混凝土瓦片诞生，沥青屋顶也同时出现；今天，以钢铁、组合板、玻璃、化学合成品、瓷砖等各种材料生产的屋瓦，被广泛应用于全球建筑物上。

在诸多遏制气候变暖的努力中，人们开始关注城市建筑的屋顶，并大做文章。科学家发现，现在世界上超过 90% 的屋顶是深色的。在阳光直射下，深色屋顶表面温度可达 70 ~ 90℃。而屋顶热量高，一方面会增加建筑物冷却能源的消耗，另一方面会对周边环境造成直接影响，加强城市热岛效应。

诺贝尔物理学奖得主朱棣文在其任美国能源部长时曾广为呼吁：将全世界屋顶刷成白色，以反射太阳光和热量。计算表明，如果将全球所有城市屋顶都漆成白色，地球对太阳光的反射可以增加 10%，相当于抵消了 240 亿吨二氧化碳的增温效应。

要指出的是，由于城市建筑物的几何形状和建筑材料的复杂性，这种做法的效果不一定如理论计算结果明显。

## 巴比伦空中花园

怎样有效减少屋顶热量吸收？除了改变屋顶的材料和颜色，开展屋顶绿化被认为是另一个好办法。

最早的屋顶花园可以追溯到公元前 2000 年左右，而最著名的古代屋顶花园，是建于公元前 604 年至公元前 562 年的巴比伦空中花园。

巴比伦空中花园被列为"世界七大奇迹"之一。考古发现，巴比伦空中花园是在平原地带堆筑土山，并在用石柱、石板、砖块、铅饼等垒起的台子上层层建造宫室，处处种植花草、树木而成。

## 一劳多得

构筑"空中花园"的难度，主要围绕屋顶绿化植物的种植土壤不与大地土壤相连这个问题而产生。在科技高度发达的今天，由建筑、园林、材料、环境、工程等诸多学科的科学家和工程师合作，成功解决了包括建筑荷载、阻根防水、蓄排水系统、过滤系统、轻型营养基质等各种问题，巴比伦空中花园奇观得以再现。其中，位于日本福冈的ACROS 就是一个典型代表。这个带有巨型楼顶阶梯花园的建筑，在高于地面 60 米处种植了 76 个品种共 35000 株植物。

自 20 世纪 60 年代起，发达国家开始大规模推广屋顶绿化，技术也日渐成熟。科学研究表明，当屋顶绿化总量达到城市建筑的 70% 时，二氧化碳含量将下降 80%，夏天气温将下降 5 ~ 10℃。此外，屋顶绿化还具有节约能源、延长建筑物寿命、净化大气、减少雨水流失量、节省公共事业开支等众多优点。

在改善城市生态环境、"缓冲"气候变化等诸方面，比起其他更为复杂的手段来说，屋顶绿化，算是一支举重若轻、一劳多得的"轻骑兵"。

知道分子

如果将全球所有城市屋顶都漆成白色，地球对太阳光的反射可以增加 10%，相当于抵消了 240 亿吨二氧化碳的增温效应。

第32个故事

# 撞出来的人类

"我经常被撞，
早习惯了。
你们自己悠着点！"

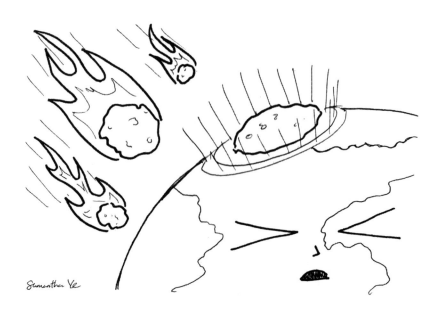

| 问题来了！ | "为什么地球冰期出现的周期会与太阳绕银河的周期大致重合？" |

## 坐标：俄罗斯中部

2013 年 10 月 18 日，乌克兰天文学家宣布，他们观测到一颗直径约为 410 米的小行星，并且该小行星有六万分之一的可能性在 2032 年 8 月 26 日和地球相撞。这个报道不禁让人们想起 8 个月前的 2 月 15 日上午，一颗陨星坠落在俄罗斯中部乌拉尔地区的骇人情景。那次天文事件直接造成包括 200 名儿童在内的近千人受伤，并导致近 300 栋住宅楼、10 余所中小学校、一批工业企业和社会设施受损。

据科学家事后追踪分析，一颗直径超过 2 米，重量超过 10 吨的不知名行星是造成此次灾害的罪魁祸首。它以 15 千米 / 秒的超高速度冲进地球，在与地球大气层高速摩擦后发生剧烈燃烧，在 1000 多摄氏度的高温下解体破碎，其残骸，也就是陨石，分散砸落到俄罗斯境内，形成一场壮观但可怕的陨石雨。

## 地球经常被撞

从天文学角度看，在茫茫宇宙中，人类赖以生存的地球只是一颗极为普通的星球，与其他天体发生碰撞也是极为平常的事。在地球 46 亿多年的生命史上，它经受过无数次大小不一的陨石和小行星的撞击。据天文学家估算，体积大小类似俄罗斯陨星的坠落事件在地球上大约 5 年发生一次，且绝大多数陨星坠落在人迹罕至地区；而大约每 1000 年会有一颗直径 100 米左右的陨星撞击地球；直径 10 千米级的陨星撞击地球，则大约每隔 1 亿年会发生一次。

科学家认为，外来天体的撞击，不但在地球的起源和演化过程中发挥了重要作用，这些陨星、彗星、小行星等不同大小天体本身携带的各种化学物质，以及在撞击过程中高温高压的物理化学反应过程，更是直接影响着地球生命的出现和生物演化进程。

## 6600万年前的恐龙灭门事件

长期以来有一种科学理论认为，6600万年前地球生物史上最严重的灭绝事件，就是陨石撞击导致的。根据该理论，科学家通过计算机模拟发现，该次生物灭绝事件是由一个10千米级的陨星撞击地球引发的。

这颗肇事陨星撞击到现在的墨西哥尤卡坦半岛附近，所扬起的巨量尘埃被抛入大气，在大气环流的带动下，遮蔽全球天空长达数十年，使地球从适合恐龙等大型动物生存的温湿气候，快速进入冰河期。此次事件不但使大约70％的生物物种消失，更导致恐龙等巨型生物的灭绝。值得庆幸的是，正是此次事件，为人类的出现提供了可能。

## 陨石带

科学家认为，天外星体除了对地球生物的湮灭和出现起到关键性作用外，还对地球气候变化有着重大影响。

天文科学家发现，30亿年前，太空中曾发生过一次行星大爆炸，爆炸后在太空中形成了由不同大小陨石组成的陨石带。当太阳在银河中绕行穿越这条陨石带时，受陨石撞击的可能性就会大大增加。科学分析发现，地球冰期出现的周期大约在2.5亿～3亿年，这与太阳绕银河的周期2.25亿～2.5亿年大致重合。因此，科学家推论，地球在某些时期会受到更频繁的陨石撞击，是导致地球气候变化的原因之一。

但是，这个猜测一直缺乏确切的证据支撑。直到瑞典的科学家提出一种新思路。

## 尖晶石

这些科学家注意到对大部分陨石而言，在进入大气层后，或者燃烧消失，或者撞击地面形成撞击坑。落到沙漠地区的陨石，通常会在 2 万～3 万年内分解完毕。在多雨地区，这种分解会更快。因此，要了解地球历史上发生的天文事件，科学家几乎不可能找到原始陨石来恢复足够的证据。

但幸运的是，虽然落到地球不同地区的大块陨石会分解，但它们会留下一种只有沙粒大小的物质——尖晶石。这些尖晶石能承受地球表面最严酷的天气和化学变化，因此保留了其"母亲"陨石的信息。而通过对尖晶石进行化学和同位素分析，不但可以知道它来自什么类型的陨石，还可以揭示陨石坠落时的速率和时间。

虽然科学家对尖晶石的研究已有几十年，但通过尖晶石研究地球气候变化的历史，仍是一个新概念。目前，提出这个概念的瑞典科学家施密茨，正在全球范围收集含有尖晶石的石灰岩，并希望在瑞典隆德大学由他特别设计的实验室，通过用酸溶解这些岩石提取尖晶石。

相信有一天，对这种微小的天外来客的研究，将使更多地球气候变化的秘密浮出水面。

知道分子

6600 万年前有一颗直径 10 千米级别的陨星撞击地球，撞击地点位于今墨西哥境内，造成地球上 70% 生物物种灭绝，恐龙消失。但是，也正是这次撞击，为人类的出现提供了可能。

# 火星兄弟，你是怎么做到的

火星兄弟能做到的事，
地球能不能做到？

---

问题来了！     "为什么在火星上探测到甲烷加大了火星生物存在的可能性？"

---

## 印度卫星：成本超低

2013 年 11 月，印度宇航局发射的一颗火星探测卫星受到国际航天界的广泛关注。这标志着印度成为继苏联、美国和欧洲之后第四个，也是亚洲第一个能够对火星进行观测研究的国家。值得一提的是，整个活动的成本超低，只花费了 7300 万美元，仅为美国宇航局同类活动的六分之一。

科学界期望通过这次探测，获取火星的地质和大气环境资料，帮助我们进一步了解火星大气中二氧化碳消失之谜，为减少地球大气中的二氧化碳含量寻找新的途径。

## 火星人是不存在的

人类对火星的好奇由来已久。

由于其自然环境与地球的高度相似性，火星一直被科幻小说家和电影界青睐。在好莱坞影片中，那些装扮各异、能力超群的火星人，让人们对这个红色的星球充满了又爱又怕的想象。有关火星过去和现在的环境状况，尤其是是否存在地球生命宜居的潜在环境，一直是科学界各个领域关注的热点。

为了探索火星上有无生物，1975 年 8 月 20 日和 9 月 9 日，美国宇航局最先发射了装备有生物化学实验箱，并被命名为"海盗"的两个探测器。"海盗" 1 号和 2 号分别在火星上工作了 6 年和 3 年，其间开展了探测有无生命存在的 4 次实验。这些实验并没有发现任何高级生命痕迹，最终排除了有关火星人的推测。

## 古河

在研究火星是否存在生物的过程中，科学家有了许多新的发现。

例如，对历次探测器着陆地点周围岩石和土壤的化学成分进行的详尽分析发现，早期历史上的火星环境可能和地球更为相似，最重要的是，火星地表可能曾经存在液态水。

在随后多次火星探测计划的实施中，不但观测到火星地表有大面积的沉积层构造，确认了大量显示明显水环境暴露历史痕迹的岩石和土壤，还发现一些通常形成于潮湿环境中的矿物结核体，包括一种铁的氢氧化物针铁矿，以及水合硫酸盐。火星上还遗留了一些古代河流三角洲，其中一些河道还显示出活动迹象，表明近期仍然存在液态水活动！

最近的探测更确凿证明，火星南北两极高纬度地区地表下方存在水冰与表土混合物，其中的水冰含量约为20%。

## 纯属意外

在科学史上，许多突破都纯属意外。2003年美国发射的"勇气"号火星探测器，在经历长达3年多的考察后，由于严重磨损造成一个轮子无法继续转动，只能拖着这个轮子蹒跚前行。正是这只拖行的轮子，无意间刨开了火星地面，暴露出下面埋藏的几乎纯净的二氧化硅沉积物。而在地球上，能够产生这类物质的，只能是微生物生存的理想地点——热泉或蒸汽喷口处！

最新在火星大气中探测到的甲烷，又为火星生物的存在提供了新希望。因为甲烷气体在大气中不稳定，会很快分解而无法被探测到。因此，在火星上探测到甲烷，说明这里存在某种机制，在不断地向大气补充甲烷气体——这种补充的来源，有可能是生物的活动。

对火星上是否曾经存在过生物，以及火星是否能成为人类未来移居地，还有待于更深入的火星探测，非一日之功。当下，科学家们更希望能通过了解火星大气成分的变化过程，寻找减缓地球气候变化的办法。

## 消失的二氧化碳

为了避免全球气候变化对人类社会的负面影响，一方面要采取行动控制和减少二氧化碳的排放，另一方面，科学家也希望能尽快寻找到办法，将大气中多余的二氧化碳吸出。

在对火星气候环境的研究中，科学家发现，在4000万年前，被富含二氧化碳的大气所包围的火星，曾经是一颗温暖湿润的行星。那么，是什么过程使得火星逐渐失去了二氧化碳，最终变得寒冷和干旱呢？

对火星岩石的分析发现，导致火星早期大气层二氧化碳消失的，是一种称为碳化过程的化学反应。在这个反应过程中，含有火山矿物的岩石与水和大气中的二氧化碳发生反应，变为碳酸盐。二氧化碳在这个反应过程中被固化、截留下来，从火星大气中永久消失。这种碳化过程，在地球上某些地区也有发生。

对火星岩石截留二氧化碳的精细过程的研究，让科学家看到了曙光：也许，从此出发，能找到减少地球大气中的二氧化碳含量的新手段。

知道分子
___

*在4000万年前，被富含二氧化碳的大气所包围的火星，曾经是一颗温暖湿润的行星。*
___

第*34*个故事

# 西边松茸东边笋

香格里拉的松茸和遂昌冬笋，
为了我们，
请多多保重！

| 问题来了！ | "北京地区的饮食习惯的形成，有一些什么历史、地域和文化上的原因？" |

## "京味"

2013 年 12 月 28 日中午，国家主席习近平在北京考察民生工作期间，前往庆丰包子铺排队买包子，自己掏钱就餐。此举被网友拍下并上传微博，引发热议。习近平花了 21 元，点了二两猪肉大葱包子、一碗炒肝、一份芥菜。这个套餐迅速蹿红，让来自全国各地的游客和北京市民趋之若鹜。从网上评论看，这个套餐有两个老北京人才能体会得到的特点：一是炒肝，二是"包子配炒肝"的吃法！

据民俗学家介绍，作为北京传统早点的炒肝，是由开业于清同治元年（1862 年）的"会仙居"发明的，至今已有百余年历史。这道北京地方名小吃虽然"名为炒肝，实则烩猪肠耳，既无肝，更无用炒也"。其做法是把猪内脏煮成汤，去掉心肺，勾芡加料后即成。炒肝的做法也衍生出"老北京炒肝，没心没肺"的俗话。

而"一碗炒肝，二两包子"更是老北京人才有的独特吃法，和豆汁儿要配焦圈和水疙瘩丝，羊杂汤必须就着芝麻烧饼喝一样，属于京城老百姓的"讲究"。从这些传统小吃上，我们能体会到那股融地方性、民族性和皇室文化于一炉的浓浓"京味"。

## 东西南北中，吃法各不同

2012 年，中央电视台一部 7 集系列纪录片《舌尖上的中国》，通过对全国不同地区自然地理、气候条件、资源特产、饮食习惯的综合对比，展现了食物的文化差别。尤其是对那些具有独特地方性的食材的种植、采集及处理方法的介绍，更是为人们从更高层次理解饮食文化对一个地区、一个民族的影响，提供了实例。

从人与自然关系的角度看，最引人深思的是第 1 集:《自然的馈赠》。该集向观众全面展示了大自然以怎样不同的方式赋予中国人食物；生活在截然不同的地理环境（海洋、草原、山林、盆地、湖泊）和气候环境（干旱、潮湿、酷热、严寒）的人们，又如何与自然和谐相处，在保护自然的同时，充分享受大自然的慷慨馈赠。

## 松茸与冬笋

试举片中两例:

在香格里拉的松树和栎树自然杂交林中，生长着一种精灵般的食物——松茸。一年中，松茸的采摘季节只有短短 2 个月。为了保护松茸产地的自然环境，采摘松茸的母女俩要步行 20 千米进入原始森林。松茸出土后，为了避免菌丝遭到破坏，她们严格遵守着山林的规矩，马上用地上的松针把菌坑掩盖好。

而远在浙江遂昌的毛竹林里，也有类似的特色食材——冬笋。笋是毛竹冬季在地下生长的嫩芽，是整个竹子中机体活动最旺盛的部分。遂昌地处浙西南山区，雨水丰沛，气候温和，出自这里的笋颜色洁白、肉质细嫩、味道清鲜，在历史上素有"金衣白玉，蔬中一绝"之美誉。

这两种食材虽然相隔千里，但面临同样的威胁——全球气候变化。

松茸是生长在海拔 2000 ~ 4000 米的一种与松树、栎树及杉树植物根共生的菌根真菌，对环境的要求十分苛刻，发生期为 6 ~ 10 月。冬笋虽没有松茸对环境要求那么苛刻，但遂昌冬笋也是生长在雨量充沛、空气湿润、山地垂直气候差异明显的环境下，为了保证味道鲜美，必须立冬以后才可以开挖上市，在前期，还需要有充沛的雨水保证它的快速生长。

## 且吃且珍惜

联合国政府间气候变化专门委员会（IPCC）的历次报告都指出，高原和山区是受气

候变化影响最为严重的地区之一。海拔高的地区，升温幅度更大也更快，对高原脆弱的
生态环境影响巨大；而我国东南沿海的江浙一带，近年也出现了降水减少的趋势。如此
说来，多年以后，我们能不能吃到松茸和遂昌冬笋，还是个问题。

　　科学研究表明，当今气候变化对生物多样性的影响，已经超出了自然界变化的阈值。
松茸和冬笋的例子告诉我们，人类如再不对自身活动加以控制，以减缓气候变化带来的
影响，其后果，可能还不仅仅是再也吃不到这些美食那么简单。

　　美食当前，且吃且珍惜。

知道分子

一年中，松茸的采摘季节只有 2 个月。按照山林中的规矩，松茸出土后，为了避免菌丝遭到破
坏，采摘者要马上用地上的松针把菌坑掩盖好。

第35个故事

# "晚来天欲雪"

*孩子们和雪*
*有一种天然的亲近,*
*没有不爱雪的孩子。*

| 问题来了！ | "为什么美国国家大气研究中心的研究人员要用有双层挡风墙的测量仪测量降雪？" |
|---|---|

对于生活在中高纬度地区的人们，冬季最让人或兴奋或感伤的也许就是雪。雪是如此特别，让诗人产生"晚来天欲雪，能饮一杯无"的兴致；而打雪仗、扔雪球、堆雪人又是孩子们的最爱；从"瑞雪兆丰年""今冬麦盖三层被，来年枕着馒头睡"等谚语中，更不难体会农民对雪的期盼。

## 联邦政府在暴雪中关闭

近年来，受全球气候变化的影响，全球和区域的降水（包括降雪）的时间和空间分布发生了显著变化。在中高纬度地区，持续性降雪或者短时间暴雪伴随低温，是冬季的主要极端天气事件，不但严重干扰人们的出行计划，还严重威胁电力、信息通信等基础设施的安全运行。

2008 年春节前后，我国南方受到百年一遇冰雪灾害的侵袭。连续 4 次的降雪过程，加上持续低温，导致南方输电网和交通的大面积瘫痪。恰值春运，全国各地的民工、学生及返乡过年的人都拥至车站，却不得不一等就是七八天，一场自然灾害，差一点酿成重大的社会灾难！2014 年，北美东部也遭受了一场世纪罕见的极寒袭击。据报道，芝加哥机场大批航班被取消的原因，竟然是喷洒在飞机上的防冻液被冻住了！严寒伴随着暴雪，导致大范围断电，影响了美国 1.8 亿人口，美国联邦政府也被迫暂时关闭。

## 人工测雪二原则

从气候科学角度看，雪虽然与降雨一样，是地球水分循环的一个重要环节，但雪还具有更重要的一个特点，那就是对太阳辐射的高反射率。太阳光照射在洁白的雪面上被反射回太空，减少了地面的能量吸收，影响了地球的能量平衡，并进而对天气、气候产生影响。

但是，要研究雪与气候的相互关系，最大的挑战是人们对降雪的时空分布还缺乏准确的了解。与测量降雨不同，要科学测量降雪量还真不容易。

目前所广泛采用的测量方法非常简单。一把尺子（测量降雪厚度）、一个雨量计（测量降水量）和一块白板（收集降雪），就是美国超过2万名志愿观测员测量降雪量的基本工具。

在美国气象局为志愿观测员提供的观测指南中，为保证对降雪数据测量的准确性，要求观测者在选择观测地点和测量时间的间距上，必须遵守一定之规：

首先，积雪厚度受风和地形的影响大。空中的雪花在风的吹动下不停移动，落地后的雪在一些阻挡物前还可以堆积起来。因此，测量地点一定要与建筑物和树木等保持一定距离。

其次，雪具有可压缩性，新下的雪不断累积压实下面的积雪，导致一个地点的积雪量随时都在变化。因此，观测时间间隔不能太长，一般是每隔6小时测量一次。

## 仪器

美国目前98%的降雪数据仍然是由人工测量获得，这些数据对提高气象科学认识水平和降雪预报准确率，有着至关重要的作用。但是，随着社会经济发展，这些数据的精度已远远不能满足科学家为社会提供服务的需要。

美国国家大气研究中心研究人员正在研究测试具有双层挡风墙的降雪测量仪。该仪器能够保证所接收到的雪片都是垂直下降，而不是从水平方向吹来的，并能将每分钟降雪情况自动报告给中央系统。

对于已经降落在地面的雪，科学家发明了一套更为复杂的系统来测量它。这套系统主要是通过安装在一定高度上的激光测距仪对周围地形变化进行测量，来估计一定范围内降雪量的多少。

## 大数据

最近，一些科学家建议利用GPS（全球定位系统）来对更大面积的降雪进行精确测量。

由于不同厚度的雪对卫星信号反射程度不同，通过分析GPS传感器同时记录的来自两个卫星的直接信号和地面反射信号，就可获得高精度的地形变化数据；再通过与人工观测到的降雪过程对比，科学家就有可能获得大范围的积雪数据，为了解降雪的时空分布提供帮助。

当诗人在喝酒、孩子在滚雪球的时候，科学家可能在计算新数据，工程技术人员在设计新的测量仪器，志愿者们正忙着测量降雪量……

雪有情，亦无情——雪与人类生活的关系太过密切，我们对雪的了解，也会越来越广、越来越深。

知道分子

在2014年北美东部的极寒气候灾害中，芝加哥机场的飞机上的防冻液被冻住，导致大批航班被取消。

第*36*个故事

# 活火熔城

冰岛火山爆发形成的
黑云连续数周不散,
盘桓在欧洲上空。

| 问题来了! | "为什么 1815 年的印尼坦博拉火山爆发会造成 1816 年美国和欧洲的'无夏之年'?" |
|---|---|

## 中国:"不像样"的火山爆发

我国地域辽阔,有着丰富的地质、地理和气候资源。但我国又是世界上少有的受到几乎所有自然灾害侵害的多灾种国家。不同时间、空间范围变化着的自然环境,给人民生命安全和社会经济发展造成了严重威胁。

所幸的是,我国大陆陆地境内极少受到自然界最致命的杀手——火山——的侵害。据报道,我国境内最近一次火山爆发还是发生在 60 多年前的 1951 年 5 月 27 日,地点是昆仑山的阿什库勒盆地。该次火山爆发影响非常之小,以至于直到爆发后 40 多天,修路工人偶然看见阿什库勒火山冒烟后才被发现。这个"不像样"的火山爆发,和电影《天下无贼》中范伟大喊"打劫"而无人理睬一样,略显尴尬。

对其他许多国家来说,火山爆发的威胁却如同悬在头上的利剑,随时有可能落下。火山在世界许多地区都非常集中,这些地区包括南美洲的安第斯山脉、北大西洋的冰岛、菲律宾群岛和东非裂谷带。一些火山虽然被称为"死火山",或由于在很长一段时间没有爆发而被称为"静寂火山",但其所在地区下面仍可能存在岩浆活动。

## 庞培沉没

在人类历史上,火山爆发曾给许多地区的文明造成过毁灭性打击。最为我们熟知的,是保留完整的意大利那不勒斯庞培城遗址。始建于公元前 8 世纪的庞培位于意大利美丽的那不勒斯海湾,经过 800 多年的建设,庞培在毁灭前曾经极为繁华:它占地 1.8 平方千米，居民 2 万多人，典型罗马帝国设计风格的城市建设十分完善。但庞培居民没有想到的是，距他们直线距离不到 5000 米的维苏威火山，会给他们带来灭顶之灾！

公元 79 年 8 月 24 日，维苏威火山突然爆发。火山喷出的尘土、灰烬和碎石高达 30 多千米，在强烈东风的吹袭下，整个庞培城仅仅几个小时就被火山灰完全覆盖，陷入黑暗之中。最后的毁灭性打击发生在午夜和 8 月 25 日黎明之间，如同雪崩般下泄的火山灰以每小时近 100 千米的速度连续六次向周边地区冲击。在第四波冲击中，庞培被彻底毁灭了。

虽然没有人知道此次火山爆发造成的确切死亡人数，但最近的考古发掘发现，许多居民根本没有来得及逃跑。在复原的遗体上，还可以清晰地看到他们脸上所留下的恐惧和绝望。

## 欧洲上空的黑云

火山对现代社会的影响同样严重。

2010 年 4 月 14 日，冰岛埃亚菲亚德拉冰盖附近的火山爆发。由于该火山海拔高度已经接近平流层，也是民航飞机通常的飞行高度，大量的火山灰迅速扩散，在欧洲大陆上空形成了连续数周不散的一片厚厚黑云。这导致整个欧洲 10 万架次左右航班被取消或中断，超过 1000 万人次的出行被影响，全球航空业一片混乱，直接损失达数十亿欧元。

最近的火山爆发报道则是 2018 年 6 月，当地时间 3 日，危地马拉"火峰"火山爆发，造成至少 6 人死亡、20 人受伤，附近社区约 3100 人被疏散。

## "无夏之年"

火山活动不仅对人类文明有着重要影响，对地球气候系统更有着不可忽视的作用。

发生在 1815 年 4 月的印尼坦博拉火山爆发，是近代火山爆发对气候影响最为明显的个例。据科学家推算，该次火山爆发是过去 1 万年以来地球上最强烈的。它不但喷发出大约 50 立方千米的岩浆，更重要的是，数百万吨二氧化硫被排放到地球大气层，并很快以酸雨云的形式将全球包围起来。云对太阳辐射的阻挡效应，大幅度降低了整个地球的地面温度。在随后的 1816 年，欧洲和美国都出现了"无夏之年"。

万幸的是，火山科学家最近的研究发现，超级火山爆发和我们经常听到的火山爆发是由完全不同的物理过程触发的。因此，类似印尼坦博拉火山的超级火山爆发的频率，可能要比原先预估的小很多。

借鉴火山爆发引发的"降温"效应，针对短时间难以改变的全球变暖趋势，一些科学家提出在大气平流层播撒硫酸盐颗粒，形成人造火山云，来降低地球地面温度的设想。

嗯，听上去很有道理——不过，历史经验告诉我们，人类对自然的改造，绝大多数时候受到的是自然的惩罚，而非赞许！

知道分子

中国受火山爆发侵害很少，最后一次火山爆发发生在 60 多年前昆仑山的阿什库勒盆地，爆发了 40 多天后才被发现。

第三辑

『忧患潜从
物外知』

青霉素、毒黄瓜、西伯利亚阔口罐病毒及其他

"忧患潜从物外知"

从惜字如金到惜纸如金

迷之三星堆

石头上的涟漪

红胡子埃里克的"绿色土地"

日本蜜蜂大战大虎头蜂

河姆渡的变迁

听地质学家"实话实说"

"锦瑟无端"

一半是冻土，一半是忧虑

走过的人说珊瑚少了，走过的人说珊瑚在长

脆弱的鸟们和它们的地球

弗里茨·哈伯的无心之罪

加州"水官司"

正在变暖的世界和《正在变冷的世界》

大河恋

熊蜂的"舌头"为什么变短

# 青霉素、毒黄瓜、西伯利亚阔口罐病毒及其他

*"毒黄瓜事件"*
*给欧洲人留下了恐慌回忆。*

Samantha Ye

| 问题来了！ | "为什么说微生物是地球表面土壤形成的功臣？" |

著名生物化学家、诺贝尔医学奖获得者阿瑟·科恩伯格在其写给全球少年儿童的科普名著《微生物的故事》一书中对微生物做了这样的描写："史上最奇怪的生物们，这些小东西没腿，没眼，没翅膀，没嘴巴，他们到底有多小，肉眼根本看不到他们！"

## 青霉素、毒黄瓜

微生物是包括细菌、病毒、真菌，以及一些小型的原生生物、显微藻类等在内的一大类生物群体，它们个体微小，却与人类生活关系密切。

在我们日常饮食中，制作面包、馒头等面食时，酵母菌是必不可少的，啤酒、酸奶、豆腐乳、东北酸菜、四川泡菜也都是微生物的杰作。世界上第一种抗生素——青霉素也是微生物大家庭的一员，它的发现，不但在第二次世界大战中挽救了成千上万盟军将士的生命，更大大增强了全球人类抵抗细菌性感染的能力，提高人类平均寿命约10年！

但是，微生物又是造成食物腐败、甚至危及人类生命安全的罪魁祸首。2011年发生在欧洲的"毒黄瓜事件"，就是黄瓜产地受到肠出血性大肠杆菌污染造成的。当人们食用这种毒黄瓜后，会引发致命的溶血性尿毒症，影响到血液、肾及中枢神经系统等，严重的会导致死亡。毒黄瓜引起的疫病从2011年5月中旬首先在德国蔓延，并导致十余人死亡。随后包括瑞典、丹麦、英国和荷兰在内的多个国家也开始报告感染病例，欧洲一时陷入极度恐慌。

## 地球表层土壤形成的功臣

微生物在生态环境系统中也起到了关键作用。它们是地球表层土壤形成的主要功臣，通过捕获大气中的碳和氮，微生物为土壤提供了大量的营养物质，提高了土地肥力，为植物生长提供了基本条件。可以说，微生物是土壤碳氮转化的主要驱动者，在生态系统碳氮循环过程中扮演重要角色。

利用微生物所具有的代谢能力和降解能力，科学家和工程技术人员发明了具有低耗能、高效和环境安全特性的生物修复技术，通过使用特定的微生物，来达到吸收、转化、清除或降解环境污染物，修复被污染环境的目的。

近年来，全球平均温度的上升对植物、动物、极地冰盖产生了严重影响，而土壤微生物种类和分布对温度变化也非常敏感。遗憾的是，对于土壤微生物是如何响应全球气候变化，其个体数量、群落结构和多样性的变化如何与气候变化相关联，以及微生物的变化又是如何通过改变土壤化学成分、植物群落而最终影响气候变化等的关键性研究，目前还刚起步。微生物与气候变化之间的大多数关系，仍然是一个黑盒子。

## "西伯利亚阔口罐病毒"

但是，法国国家科研中心与马赛大学联合实验室的病毒学家团队的一项研究，让全球科学界产生了紧迫感。

2014 年 3 月初，法国科学家宣布了他们对从俄罗斯远东地区楚科奇自治区采集到的一份冻土样本的分析结果。在这份样本中，发现了被称为"西伯利亚阔口罐病毒"的巨型病毒。这种直径超过 0.5 微米，可在光学显微镜下观察到的病毒，被确认为世界上第三种超大型病毒。进一步的分析发现，西伯利亚阔口罐病毒拥有大约 500 组基因，虽远少于体积最大的潘多拉病毒的 1900 ~ 2500 组，但其在细胞内的自我复制模式却更加复杂。

## 假如冻土融化

令世界震惊的不仅仅是对巨型病毒的发现，而是这种病毒曾经生活在史前人类尼安

160

德特人的灭绝时期。

法国科学家的研究表明，这些封存在 3 万多年前土层中的病毒仍可以存活，且具有感染性。而美国微生物生态学家约翰·普利斯库更是曾经在 42 万年前形成的冰芯中发现活着的细菌，仍然能够生长和分裂。

这些发现意味着，如果全球气候继续变暖，导致极地地区冻土层融化，地球上可能很快就会再现许多中更新世后（距今 75 万年前）再也没出现过的细菌及其他微生物，释放出类似西伯利亚阔口罐病毒的其他未知病毒。

虽然这些生存在冰冻环境下的微生物不会危及温血动物的存在，但它们可能会挤占现有微生物种群的生存空间，对未来自然生态环境造成不可知的后果，进而对全人类公共健康造成威胁！

知道分子

法国科学家发现封存在 3 万多年前土层中的西伯利亚阔口罐病毒仍然存活；美国微生物生态学家约翰·普利斯库在 42 万年前形成的冰芯中发现活着的细菌，仍能生长和分裂。

# "忧患潜从物外知"

一花一叶，
一鸟一虫，
都是大世界。

| 问题来了！ | "全球气候变化会不会导致中国古已有之的'二十四节气'失准？" |
|---|---|

对于生活在中高纬度地区的人们而言，季节变化是几乎所有生活、生产活动的主要驱动因子。从远古时期开始，人类的祖先就以生命的代价换取和积累了对不同季节条件下，不同植物、动物生活规律的宝贵知识。我国先人们发现的二十四节气至今还影响着现代农业活动的各个环节。

在现代科技条件下，人类社会在许多方面已摆脱了季节变化的制约。例如，空调在夏天的广泛使用，使我们能够在那些夏日炎炎的日子和地区依然保持正常的生活；温室蔬菜大棚打破了蔬菜的季节性，让我们一年四季都能享用丰富多样的食材。但对于自然界的其他生物而言，其生存、生长和演变，仍是由季节变化来决定的。

## 物候学

现代科学专门开辟了一门研究自然界植物和动物的季节性现象的学科——物候学。物候是指生物在生命运动发展过程中的现象（植物的发芽、开花、结果，鸟类南来北往的迁徙，动物的蜕皮、换毛等）。物候学就是通过长期实地观测，将自然界诸种现象与气候在各个时期的变化联系起来研究的科学。

打一个形象的比喻，物候就是一台测量气候变化的活的"生物仪器"，不同于气象观测中常用的温度计、湿度计，这台"生物仪器"所反映的，是环境与生物相互作用的综合性结果。

## 古已有之的物候观测

虽然动植物生长和发育在很大程度上受制于气候条件，但是，一方面生物现象是在繁多复杂的环境条件下产生的，另一方面，生物最大的特点是在对环境适应的同时，还会进化发展。因此，简单看一种动植物或者一个地点的动植物变化是不能导出其与气候因素之间的因果关系的，而必须对相当范围的环境条件，以及过去和现在各种环境因素进行综合观测，才可能建立起物候现象与环境因素相互关系的科学指标，实现环境因素与动植物相互影响总体效果的科学评估。

因此，物候观察研究是一项长期、严谨的科学活动。

对于物候的观测，在我国早就开始了。作为一个农业古国，我们的先人们不但早就认识和总结了植物生长受季节变化的影响规律，更是将这些规律用于指导农业生产和我们的文化活动，如风水、年节等。

在著名地理学家竺可桢先生的倡导下，中国科学院在 1963 还专门建立了多学科、跨行业、跨地域的"中国物候观测网"。目前，这个观测网在全国已拥有 26 个自然物候观测站和 4 个观赏性花木观测基地，观测对象包含 35 种共同观测植物、127 种地方性观测植物、12 种动物、4 种农作物和 12 种气象水文现象。

## 春季提前

全球气候变化对自然生态环境的影响，是全球科学界高度关注的一个热点。依托中国物候观测网，中国科学院的科研人员对植物物候对全球变化的响应机制和时空变化特征、物候变化的生态影响、未来物候变化情景预测等开展了深入研究。

他们发现，在过去 40 年，我国东北地区和华北地区的始花期快速提前，而春季霜冻日数显著减少，终霜冻日显著提前，两个地区都出现了霜冻风险降低的趋势。这项研究结果，对这些地区而言，无疑是利好消息。

中国科学家研究表明，从长期看，我国的春季物候仍要继续提前，平均趋势为每 10 年提前 1 ~ 2 天，在我国中纬度地区提前更为明显。随着人民生活水平的提高，春季赏花、秋季赏叶已经成为许多城市的旅游品牌，花期和叶变色期的提前和延长，对旅游业来说意义重大。

## 潜在之忧

但是，当我们为一些部门在全球气候变化中得利而高兴的时候，更要关注那些受到冲击而产生不利影响的地区和行业。

根据政府间气候变化专门委员会（IPCC）的报告，虽然地球的平均温度在 20 世纪升高了 0.6℃，但这个数值是来自所有的季节变化——寒冷的冬天和炎热的夏天，以及所有地区——寒冷的两极和温暖的热带地区的平均值，不能反映特定地区的温度变化。

地球上可能有很大一部分地区，包括中国的许多地区，会因全球气候变暖而承受负面后果。

"千家笑语漏迟迟，忧患潜从物外知"（《癸巳除夕偶成》）——清代诗人黄仲则的这两句诗，放之当下全球气候变化造成物候改变的情境，尤为妥切，引人深思。

知道分子

地球的平均温度在 20 世纪升高了 0.6℃。

# 从惜字如金到惜纸如金

看了这篇文章后，
你要更加珍惜纸张哦！

| 问题来了！ | "古代造纸和现代造纸有什么不同？" |
|---|---|

1978 年，美国科学家哈特的一本书一问世就成为美国乃至全球的畅销书。该书以影响人们思想和改变人们生活方式为选择标准，从过去数千年漫长的人类历史中，遴选出 100 位最有影响的人物。名单中包括了全球各个历史阶段的宗教领袖、科学家、发明家、政治家、军事家、探险家、文学家、艺术家等。值得一提的是，按影响力排序，紧随穆罕默德、牛顿、孔子等宗教体系创始人、科学家和思想家之后的第七位，是我国发明家蔡伦。

## 蔡伦造纸

文字与记录文字的载体，应该是同时出现的。初期人类主要通过对各种天然物品加工来记录文字，但这些物品有的过于昂贵（如金石、缣帛），有的过于笨重（如竹简、木牍），有的不易多得（如龟甲、兽骨），难以广泛使用。

西汉时期（公元前 206 年—公元 8 年），我国首先发明了现代纸张的雏形——麻质纤维纸。麻纸是经过制浆处理的植物纤维初步脱水后，压缩、烘干而成。但麻纸质地粗糙，且产量小、成本高，而难以普及。

直到公元 105 年，蔡伦总结前人经验，改进了造纸术，以树皮、麻头、破布、旧渔网等为原料造纸，在宫廷作坊施以锉、煮、浸、捣、抄等法，造出了植物纤维纸。蔡伦造纸术不但大大提高了纸张的质量和生产效率，扩大了纸的生产原料来源，还大幅度降低了成本，奠定了纸张在记录人类历史中的主导地位，为人类文化传播创造了基本的物质条件。

蔡伦造纸术首先传入与我国毗邻的朝鲜和越南，公元 7 世纪，经高丽传到日本。800年后，欧洲人才通过阿拉伯人了解到造纸技术，中国造纸术最终在 19 世纪传遍世界各国，对世界科学、文化的传播产生了深刻影响，极大地推动了社会进步和发展。

## 纸的妈妈是树

但是，现代化的造纸，也对我们的生存环境造成了重大影响。

在现代社会，人们的日常生活和工作都已离不开纸张。而绝大部分种类的纸张，在其"生命周期"的每个阶段，都会对目前正在发生的全球变暖作出"贡献"。

与古代造纸原料的多样化不同，现代纸张的生产原料大部分都来自树木。据统计，全球商业用木材砍伐量的 40% 都被用于纸张生产。

森林是世界丰富的生物多样性保护地，对地球上的生命至关重要。人类对森林（尤其是对热带雨林）的大规模砍伐，不但严重威胁稀有野生动物的栖息地，极大地破坏了生态平衡，导致生物多样性的快速降低，还大幅度减弱了森林对大气中二氧化碳的吸收功能。

## 温室气体排放和耗能大户

在造纸过程中，除了消耗大量的水将木材转变为纸浆外，在压榨和高温烘干等生产流程，还需要耗费大量能源，才能生产出纸张。

据科学家分析计算，造纸行业由于能源消耗所排放的温室气体在所有制造行业中排名第四，占人类活动二氧化碳总排放量的 9% 以上。

此外，无论是纸张原料还是成品，进出造纸厂的运输是必不可少的一个重要环节。一些发达国家为了保护自己国家的自然资源，还大量地从许多落后的热带发展中国家砍伐和采购木材，在从森林到造纸厂的长途运输过程中，各种运输工具也会排放大量温室气体，进而影响气候变化。

废旧纸张的处理也会对气候变化产生影响。目前，全球城市生活垃圾总量中超过三分之一的是纸张。如果不循环使用，只是将纸张作简单填埋，那么，纸张在分解过程中还会产生大量甲烷气体，而甲烷所产生的温室气体效应是二氧化碳的 23 倍！

## 洗手后只用一张纸擦干

今天，虽然电子读物的日益普及为我们节约了大量纸张，但出于技术、文化和传统习惯上的各种原因，读书、读报仍是许多人的选择和乐趣所在。在今后相当长的一段时期内，纸张仍将在人们生活和工作中占据重要地位。

我们一方面要大幅度减少各类纸张的使用，如在洗手后只用一张纸擦干，另一方面要更多地增加纸的循环利用，减少废纸量。如是，才能逐步减轻纸张在生产和使用过程中对全球气候变化的负面影响。

中国古代在很多地方都建有"惜字塔"，对使用过的、有字迹的纸张作焚烧处理。这反映了古人对文字、文化的珍视。今天我们要做的，除继续珍视我们的文化传承外，从地球环境考虑，恐怕还得加上"惜纸如金"！

知道分子

当今，全球商业用木材砍伐量的 40%，被用于纸张生产。

第*40*个故事

# 迷之三星堆

洪水泛滥，
古蜀人只能迁都，
三星堆文明就此湮灭。

| 问题来了！ | "在三星堆遗址发现了大量与现在的中国人外貌有很大差异的青铜人像，这也引出了一个长久以来争论不休的问题：三星堆文明源自何处？——答案可能要到书外找。" |

## 政教中心

位于四川成都平原三星堆遗址的发现，被称为 20 世纪人类最伟大的考古发现之一。这个曾经名不见经传的小地方所出土的大量文物，不但昭示了长江流域与黄河流域一样，同属中华文明的母体，更将中华文明的历史向前推到了 4800 年前。

三星堆遗址除了保存有人工夯筑而成的东、西、南城墙和月亮湾内城墙，城中还有房屋基址、灰坑、墓葬、祭祀坑等。其中，祭祀坑内所发现的大量青铜器、玉石器、象牙、贝、陶器和金器等最令世人震惊。青铜器除罍、尊、盘、戈外，最有特色的就是那些高鼻深目、颧面突出、阔嘴大耳、耳朵上还有穿孔的极富地方特色的人像。

从发掘的两个祭祀坑的祭品看，有成吨的青铜神像、人像、神树和礼仪器，罕见的金权杖、金面具等。其中，有龙的神树应该是其祖神崇拜的中心，而"群巫之长"的大立人像、黄金权杖与双手反缚砍头的人牲石像，证明了这个地区已经具备了宗教礼仪和政府管理的政教中心的特点。

## 与商朝无任何藩属关系

据考古学家考证，三星堆文明前后历时约 2000 年，但就目前掌握的文物及史料来看，造就这个文明的古蜀国与中原商王朝并无任何藩属关系，而是两个相对独立的方国。商朝甲骨文中记载了很多商朝军队与蜀人作战的事件，三星堆遗址中也出土了少量作为战利品的商朝贵族使用的兵器、权杖和刻有商朝文字的器物，这些都表明古蜀国的文明程度和强大决不逊于中原文明。

但是，如同世界上其他一些古文明神奇般湮灭一样，以三星堆文明为代表的古蜀国突然消亡也成为考古界的一个难解之谜。近年来，我国著名地理学家葛全胜领导的研究团队，在数十年研究的基础上，历经8年，写出了《中国历朝气候变化》的鸿篇巨著。其中，就对三星堆文明在历史长河中突然消失的原因，从气候变化的角度作出了推断。

## 温暖的"大治"

与目前一些媒体爆炒的全球气候变暖灾害论相反，我国历史上的"大治"之年，几乎都发生在温暖时期，自然经济形态下冷抑暖扬的文明韵律十分清晰。比如隋唐暖期所出现的贞观之治和开元盛世，使中国进入了长达百年的强盛时期。产生这个现象的原因非常有趣：农业对气候变化十分敏感，在"民以食为天"的农耕经济时代，当气候温暖时，适宜耕作的土地扩大，农牧交错带北延，南方更容易发展多熟稻作，单位亩产（剔除生产技术因素）增高，人民安居乐业，"仓廪实而知礼节"。气候暖期为农业发展提供了稳定的环境背景，而稳定的农业，又为城市建设、商贸流通、工艺和文化的发展，以及战争能力、政权巩固等提供了必要的经济基础。

## 3000年前的冷

那么，3000年前古蜀文明突然消亡时的气候又发生了什么变化呢？科学家发现：公元前3000年左右的商末周初时期，中国曾发生过一次5000年历史上最显著的降温。这次降温期间，季风减弱，雨带南移，导致中原地区旱涝灾害空前增多，出现了"洹水一日三绝""三川涸"等巨灾。气候的转寒，导致粮食供给不足，饥荒、社会混乱甚至战争接踵而至。

中原、北方草原地带的游牧民族受生存所迫，与周族联合消灭了商王朝。

与此同时，西南成都平原气候发生了什么变化呢？三星堆遗址所在地区东邻龙泉山脉，西为岷山山脉南麓的茶坪山，地处沱江上游的鸭子河与马牧河之间，属冲积平原的二级阶地。从对应这段时期的三星堆遗址土层分析，有 20 ～ 50 厘米厚的明显富水淤积层。可以想见，当时的三星堆地区，洪水曾频繁泛滥。

面对这些频繁发生的灾害，在当时条件下，古蜀人能做的只能是迁都。这也许就解释了为什么大量的国之重器不是小心供奉，而是打碎后作为祭祀品被埋葬！

知道分子

我国历史上的"大治"之年，如贞观之治和开元盛世等，几乎都发生在气候温暖时期。

第*41*个故事

# 石头上的涟漪

热带西太平洋
过去 57 万年的气候历史，
藏在加里曼丹岛的石笋里。

| 问题来了！ | "对采集自西太平洋加里曼丹岛的石笋样本进行分析，科学家发现了以往的气候变化理论存在什么样的重大缺陷？" |
| --- | --- |

## 水滴石长

自然界中的"水滴石穿"现象，常常被用于鼓励人们做事要有恒心。但是，对广泛存在于碳酸盐岩地区洞穴内的钟乳石来说，他们的形成正好相反，是典型的"水滴石长"。

钟乳石是含有二氧化碳的地下水流经石灰岩层时形成的。含有二氧化碳的水与石灰石中的碳酸钙发生反应，生成碳酸氢钙溶液。当这些溶液顺岩洞中裂缝而下抵达洞穴顶部时，溶液和空气接触，产生了逆向的化学反应，随着水的蒸发，碳酸钙被沉淀出来，在洞顶逐渐形成冰锥状物体。这种类似北方冬季屋檐下冰柱的石头，地质学上称为石钟乳，也叫钟乳石。

当然，洞顶水滴也会落在地上，日积月累地在地面沉淀后，形成直立的笋状柱体，叫石笋。石笋常与石钟乳上下相对，经过千万年的生长，有些石钟乳和石笋最终会连接起来，成为石柱。科学测量表明，钟乳石每年平均增长率只有 0.13 毫米。

## 钟乳石年轮

早在 1952 年，美国科学家就通过用钟乳石测定碳酸钙来分析回溯自然环境的变化。科学家发现，钟乳石和石笋在形成过程中，一般会沿着表面以不同厚度向下延伸，形成涟漪层，类似于树木年轮，俗称钟乳石年轮。与树木年轮相同，钟乳石年轮的生成也有着复杂的因素，其中，降雨和温度起着重要作用。

在过去近半个世纪，对极地冰芯和高纬度北大西洋深海沉积物的持续钻探，奠定了古气候研究的观测基础，至今已揭示了过去近 50 万年的地球气候变化。但是，这些实际证据都是在高纬度地区，对研究热带地区气候的变化，尤其是与全球气候变化密切相关的厄尔尼诺现象，并没有什么参考价值。热带地区大量存在的钟乳石，自然而然进入到科学家的视野。

## 铀系不平衡法

科学家发现，洞穴石笋的碳酸钙氧同位素组成，反映了洞穴外部降水的氧同位素组成，而降水的氧同位素组成又与当时洞穴外的降水量密切相关。因此，钟乳石和石笋中形成的每一层水滴中，都含有其形成年代的环境成分。

通过一种称之为铀系不平衡法的测量技术，即通过测定石笋中铀元素的衰变周期，以及由于铀衰变放出氦而生成钍的量，科学家可以精确测出石笋每一层所处的年代，而每层同位素的变化又反映了当时大气降水的同位素成分。利用流体力学、地球化学和物理理论等多学科专业知识，通过对不同层的碳酸钙浓度进行分析，科学家最终建立了数学模型，来确定各种气候阶段的降水变化。

## 石笋的证明

美国科学家通过分析采集自西太平洋加里曼丹岛的石笋样本，重建了热带西太平洋过去 57 万年的气候历史。

从对这些样本资料的分析，科学家发现以往的气候变化理论存在着重大缺陷。例如，在高纬度地区古气候研究中，科学家发现大约 43 万年以前，曾经发生过一次被称为"中布容事件"（Mid-Brunhes Event，MBE）的极端气候现象。该事件中，中高纬度地区的峰值温度和大气中的二氧化碳含量突然大幅度上升，一些科学家由此推测，赤道地区也有同样的情景出现。而在对加里曼丹岛石笋记录进行仔细分析后，科学家不但没有发现热带地区有过同样极端气候事件的证据，相反，在高纬度地区出现冰期与间冰期的剧烈转变时，热带地区的降水水平基本保持不变。石笋记录为热带与中高纬度地区气候变化存在不同的规律提供了实证！

　　石笋除了记录下长周期的气候变化外，由于它与降水的紧密关系，还特别明确地揭示出了热带地区厄尔尼诺现象的变化规律。在厄尔尼诺事件发生时，加里曼丹岛附近的热带暖水域移向太平洋的中心，使该地区变得极度干燥。石笋中氧同位素的显著变化，为科学家研究厄尔尼诺现象的历史演变规律提供了有力证据。

知道分子

钟乳石每年平均增长率只有 0.13 毫米。

# 红胡子埃里克的"绿色土地"

格陵兰岛:

"我变成了黑雪公主!"

問题来了！

"等到北极海冰全部融化，格陵兰变成一片真正的'绿色土地'的时候，地球上的其他地方，将会是什么样子？"

格陵兰是世界上最大的岛屿。由于面积庞大，它又被称为格陵兰次大陆。格陵兰地处北冰洋和大西洋之间，全境大部分处在北极圈内。与它名字的英文本义"绿色的土地"（Greenland）恰恰相反，格陵兰全岛80%以上的地区被平均厚度达2.3千米的冰川覆盖，它与南极洲一起，储存了全球99%的淡水冰。

## 海面持续上升

格陵兰冰川是科学家研究古代和现代气候变化的重要基地。科学界普遍认为，由全球增暖造成的全球海平面上升，有很大部分来源于格陵兰冰盖。观测表明，从1992年至2001年，格陵兰冰盖每年融化约340亿吨，而在2002年至2011年间，这一数字上升到2150亿吨，并持续以创纪录的速度融化。《美国国家科学院院刊》2018年2月宣布的一项研讨报告显示，根据1993年至2017年的卫星数据，25年来，全球海平面总体上升超过7厘米，平均每年上升$3\pm0.4$毫米，且正在以每年$0.084\pm0.025$毫米的速率加速上升。

20世纪90年代初，科学家通过对格陵兰冰川深达3.2千米的冰芯进行分析，再现了距今10万年前远古时期北半球的气候状况，并揭示了地球气候可以突然发生从一种稳定状态到另一种稳定状态之间的急速转换，对目前正在发生的全球气候变化的可能后果提供了历史证据。

2014年，两则发布在联合国2014年气候峰会期间的科学新闻，将格陵兰推向了全球气候变化问题的风口浪尖。

## 冰底大峡谷

第一则新闻来自英国最具影响力的《泰晤士世界综合地图集》(*Times Comprehensive Atlas of the World*)的新版本。在以往的世界地图中，极区地图多用白色标出。利用无线电回声探测和对地震与重力波数据的分析，科学家首次将这个被深埋在冰下的岛国呈现给世人。该图显示，在格陵兰冰层下由北向南延伸，有一条长度超过 750 千米，深达800 米的"巨型大峡谷"，超出美国著名的科罗拉多大峡谷的长度（446 千米）近一倍；其生成年代也要比覆盖在它上面的冰川久远得多。

这个发现对科学研究来说极为重要，因为只有了解了冰层下的地貌特征，科学家才能够知道冰川容纳了多少冰，从而准确估计全球气候变化所导致冰川消融的速度，以及融化后的水是如何流动的。

## 黑冰

第二则新闻来自长期从事格陵兰冰雪研究的丹麦地质调查局科学家波克斯博士。他带领一队研究生在 2014 年夏天对格陵兰西部北极圈内北纬 67° 海拔 1010 米的冰盖进行了观测。

研究团队预定的研究内容是利用地面和无人机观测其与卫星图片的对比，了解冰盖表面的结构和融化过程。但他们所见却是触目惊心的！原本洁白无瑕的冰盖，现在黑得无法形容。虽然历史上格陵兰冰面也出现过黑冰，但面积如此之大、颜色如此之深却是波克斯博士从未见过的。

据他初步分析，产生这种现象的原因包括：夏季雪灾越来越频繁，全球人类活动的排放加大了大气中各类灰尘的含量，微生物的活动，森林火灾的烟尘等。从历史资料分析看，北极圈森林火灾近几年发生的频率比过去增加了一倍，2014 年则是北极圈森林火灾发生最多的一年。这一现象，与科学家对全球变暖影响链级反应的预测相吻合。

2014 年格陵兰黑冰产生的原因还有待科学家们进一步研究，它所造成的影响却很容易看到。从历年观测对比分析中，波克斯博士确认，2014 年格陵兰冰盖的黑色较以往加深了 5.6%，仅仅由此一项，地球就额外吸收了相当于美国每年消耗电力能源 2 倍的热量。这直接导致北极 2014 年 9 月份海冰覆盖面积成为有记录以来的第六低值。

## 北极海冰变少变薄

利用美国国家冰雪数据中心收集的数据，新版《泰晤士世界综合地图集》还给出了一张北极海冰覆盖量的长期变化趋势图。由于每年夏季北极海冰都会融化，9 月的海冰覆盖量达到最低，因此，在气候变化研究中，北极 9 月份海冰覆盖量通常被作为测量气候变暖的一个指标。北极海冰的长期变化显示，与 20 世纪 80 年代初相比，2014 年夏末北极海冰的覆盖范围少了 40%。需要特别指出的是，北极海冰冰层也已变得更薄，平均厚度只有原来的一半左右。

公元 982 年，著名的挪威维京海盗埃里克·瑟瓦尔德森（外号"红胡子埃里克"）从冰岛启航，前往格陵兰探险。船从东到西绕格陵兰海岸航行，直到发现一处无冰的地点后，他才登陆。埃里克在那里住了 3 年多，他给那个地方取了一个好听的名字，叫"绿色的土地"（Greenland）。

随着全球气候变化的加速，埃里克的梦想也许很快就会实现，但那时，人类将面临的，也许是万劫不复的灾难。

知道分子

在格陵兰冰层下由北向南延伸，有一条长度超过 750 千米，深达 800 米的"巨型大峡谷"，超出美国著名的科罗拉多大峡谷的长度（446 千米）近一倍。

# 日本蜜蜂大战大虎头蜂

悍匪来袭，

只能靠脑子，

出奇招了。

| 问题来了！ | "日本蜜蜂是怎样抵御大虎头蜂的？" |
|---|---|

分布于亚洲东部与东南部温带和亚热带地区的大虎头蜂，是全世界体型最大的胡蜂。虽然各地大虎头蜂本种体色变化很大，有些暗棕色，有些有明显的黄色纹路，俗名也不相同，如中华大虎头蜂、中国台湾大虎头蜂、金环胡蜂、日本大黄蜂等，但他们都有尾部尖端为黄色的共同特征。

## 悍匪入侵

大虎头蜂是亚洲地区最危险的昆虫之一，它不但有相当多伤人的案例，更时常袭击蜜蜂的蜂巢，对养蜂业造成重大危害。

据观察，一只大虎头蜂每分钟能杀死 40 只以上的蜜蜂。通常数只大虎头蜂会同时进攻一个蜂巢，通过联合进攻，将进行防御的蜜蜂一只只咬死；而大虎头蜂外壳坚韧，蜜蜂难以刺穿它们的体表。因此，在受到大虎头蜂侵袭的蜂巢前，通常是堆积如"山"的蜜蜂尸体。数只大虎头蜂在几个小时内就能让成千上万只蜜蜂栖居的蜂巢完全覆灭！如同古代战争中战胜者通常会掳走敌方妇孺一般，当它们攻入蜂窝内部咬死大批蜜蜂后，还会抓取蜜蜂幼虫，带回自家的蜂巢喂食大虎头蜂幼虫……

## "团灭"

有趣的是，虽然若干只大黄蜂就能轻松击败整个蜂群的不协调防御，但它们在有组织的日本蜜蜂面前，却往往落得个死无葬身之地。

科学家发现，当大虎头蜂"侦察兵"确定了蜜蜂蜂巢位置后，就会发出特定的信息素作为引导其他大虎头蜂狩猎的信号，而日本蜜蜂却正好具备了探测这些信息素的能力。当日本蜜蜂获知大虎头蜂即将来侵的消息后，100只左右的日本蜜蜂就会聚集在蜂巢入口附近，在打开的入口处为大虎头蜂设置陷阱。一旦大虎头蜂进入，这些蜜蜂首先会蜂拥而上，将大虎头蜂包成一个球，使它完全丧失有效的反抗能力。

然后，这些蜜蜂就会使用他们在严寒时为蜂巢加热所采取的办法，同时剧烈煽动它们的翅膀。这一统一行动，使蜜蜂"球"的温度快速升高到46℃。而蜜蜂的集体运动，还大幅提高了蜜蜂"球"二氧化碳的水平。在高浓度二氧化碳条件下，日本蜜蜂可以忍受50℃的高温，但这种高温、高二氧化碳浓度的环境，对大虎头蜂来说却是致命的！

## 独力难支

千百万年来，如同日本蜜蜂掌握了应对大虎头蜂的有效方法，其他种群的蜜蜂也通过不断进化在地球上得以繁衍，它们的健康发展，对整个自然界以及人类的生存至关重要。但是，随着由人类活动引发的全球气候变暖日趋严重，许多蜜蜂物种已面临灭绝。

联合国政府间气候变化专门委员会（IPCC）最新报告警告说，伴随全球气候变化和全球土地利用变化，蜜蜂、蝴蝶和其他能够为植物授粉的许多昆虫物种正在消失。气候变化改变甚至完全摧毁了蜜蜂的栖息地环境，长期生活在这些地区的蜜蜂，要么已经丧失了迁移能力，要么由于现在的栖息地离环境相近的新领地过于遥远而难以迁移，而最终走向灭绝！

与大虎头蜂的威胁不同，现在蜜蜂所面临的，是来自人类活动造成的长期、持续的危害，单靠蜜蜂自身的力量，已经难以应付。

## 国家授粉战略

在自然生态系统中，所有开花植物都是通过花粉传播实现生存繁衍的，蜜蜂和其他昆虫承担了80%以上的授粉工作。美国最近的一项调查发现，野生蜜蜂为宾夕法尼亚和新泽西农场的西瓜提供了90%的授粉，而全美的苹果园几乎完全依赖于蜜蜂的授粉。

因此，在未来的 10 年或 20 年，为了人类自身的生存，我们需要尽快为保护蜜蜂栖息地制定相应政策并采取切实有效的行动。

一些国家提出了以保护蜜蜂为主要任务的"国家授粉战略"。这个战略包括确保蜜蜂丰富多样的食物来源，帮助农民降低对化学杀虫剂的依赖以减少对蜜蜂和蜜蜂栖息地的危害等。

挽救蜜蜂，实际上是在挽救我们自己。

知道分子

一只大虎头蜂每分钟能杀死 40 只以上的蜜蜂，数只大虎头蜂在几个小时就能让成千上万只蜜蜂栖居的蜂巢完全覆灭。但是，当它们遇到抱团的日本蜜蜂时，一切都不灵了。

第 *44* 个故事

# 河姆渡的变迁

拥有考古发现最早的
干栏式建筑的河姆渡文化，
是因为海水侵袭而消亡的。

| 问题来了！ | "干栏式建筑有什么优点？主要适合什么地区？" |
|---|---|

## 河姆渡两大惊人发现

1973 年夏天，在浙江余姚河姆渡镇浪墅桥村发现了新石器时代遗址——河姆渡遗址。虽然该遗址鲜见于宣传报道，但却被中国考古界权威机构列为 20 世纪中国百项考古大发现之一，与秦始皇兵马俑和马王堆汉墓齐名。

考古挖掘发现，河姆渡遗址自下而上叠压着平均 500 年为一层的四个文化层，最下面的第四文化层距今 7000 ~ 6500 年，往上依次距今 5500 ~ 5000 年。

河姆渡遗址不但出土了大量农业生产工具、生活器具、原始艺术品等，为了解我国原始社会母系氏族时期的繁荣景象，包括农业、建筑、纺织、艺术等方面的成就，提供了极其珍贵的实物佐证，更令人震撼的还有两大发现：

一是早在 5000 多年前，中国已经开始栽培水稻，并出现了以稻作为主的农业经济活动；二是当时的人们为了适应潮湿环境，防止野兽侵扰，建造了底下架空、带长廊的长屋建筑。

## 中国稻

在遗址挖掘中，考古专家在大多数探坑中发现了 20 ~ 50 厘米厚的稻谷、谷壳、稻叶、茎秆和木屑、苇编交互混杂的堆积层，最厚处达 80 厘米。稻谷出土时色泽金黄、颖脉清晰、芒刺挺直，经专家鉴定属栽培水稻的原始粳、籼混合种，以籼稻为主（占 60% 以上）。

据专家估计，在遗址周围的稻田面积大约有 6 公顷，最高总产可达 18.1 吨。这一发现，纠正了中国栽培水稻的粳稻从印度传入、籼稻从日本传入的传统说法，在学术界树立了水稻起源地应包括中国本土的多元观点，极大地拓宽了农业起源的研究领域。

河姆渡原始稻作农业的发现，表明人类早在 5000 年甚至更早以前就已经脱离了单一的攫取式经济，开始出现生产式经济发展的农业。

## 采用榫卯技术的干栏式建筑

在遗址内第四文化层底部发现了大量干栏式建筑遗迹，包括木桩、地板、柱、梁、枋等几百个构件。这也是考古发现的最早干栏式建筑。这种建筑以竹木为主要建筑材料，主要是两层建筑，下层放养动物和堆放杂物，上层住人。

对比今天在我国西南地区和东南亚国家农村的一些建筑，专家们认为，河姆渡遗址建筑的建造过程可能是从地面开始，通过桩木绑扎的办法树立各类大小木桩，然后以此为基础，在上面架设大小梁，铺上地板，做成高于地面的基座，最后立柱架梁、构建人字坡屋顶。在完成屋架部分的建筑后，再用苇席或树皮做成围护设施。

与同时期黄河流域先民的半地穴式建筑相比，河姆渡遗址建筑要复杂得多。数量巨大的木材需要分类加工，建造时需要精心计算和指挥，而为了保证建筑牢固，还在垂直相交的接点较多地采用了榫卯技术，这从出土建筑构件上都带有榫头和卯口得到了实证。

## 从古地理、古水文、古气候看河姆渡

曾经延续 2000 多年的河姆渡文化为什么如此繁荣？而导致它最终湮灭的原因又是什么？科学家通过对河姆渡遗址古地理、古气候、古水文的演变研究，给出了答案：

从地理上看，远古时期的河姆渡与今天最大的差别，是当时遗址南面只有一条小溪（而不是今天的姚江），东面是一片平原，西面、北面濒临湖泊，全区是一个由湖泊、沼泽、平原、草地、丘陵、山冈等多种地貌共同构成的复杂生态环境，动植物资源特别丰富。

从水文上看，当河姆渡成陆时，其两翼地区尚处于浅海之中，海水涨落有规律地推动地区内湖水升降，为河姆渡人的稻田提供了自灌条件，保证了稻谷多年丰收。

从气候上看，通过对遗址出土的稻谷和建筑材料分析，7000 年前河姆渡地区的气候比现在温暖湿热，平均气温较现在高 3 ~ 4℃，年降雨量比现在多 500 毫米，其平均气候条件与现在的广东、广西南部和海南岛相似。

## 灭顶之灾

可以说，正是优越的自然环境和气候条件，为河姆渡人提供了丰富的食物和建筑材料，人们也因此有更多时间和更多劳动力来从事纺织、制作漆木器和建造庞大的建筑。

然而，与大自然的变迁相比，人类还是太渺小了。

同全球其他许多地区曾经高度发达的古文明一样，距今 5000 多年前，随着自然环境和气候的变化，海水侵袭给河姆渡人带来了灭顶之灾，千年文明从此湮灭！

知道分子

7000 年前，河姆渡地区平均气温较现在高 3 ~ 4℃，年降雨量比现在多 500 毫米，平均气候条件与现在的广东、广西南部和海南岛相似。

第45个故事

# 听地质学家"实话实说"

地质学家是这个世界上
眼光最辽阔、
久远的一群人了。

| 问题来了！ | "一个听起来有点难过的问题：人类将会在什么时候灭绝？" |
|---|---|

　　地质学家是从事地球结构和演变过程研究的科学工作者。他们通过野外考察、钻探等技术手段，获取地球发展过程中遗留的各种信息，并对这些信息进行物理化学分析和计算机模拟，揭示地球发展历史的谜底，帮我们更好地顺应自然规律。

　　虽然地质科学与地理学、气象学、海洋学、生态环境等其他地球环境学科一样，都是以我们赖以生存的地球自然环境为研究对象，但是，地质学家的研究对象，其时间尺度要长得多。因此，对于目前发生的全球气候变化，地质科学有着独特的理解，地质学家有话要说。

## 46 亿年前的那一天

　　目前的科学理论认为，宇宙中的星球起源于主要成分为氢的一团团巨大的气体。在万有引力作用下，这些气体向中心收缩，并且越收缩密度越大，密度越大又收缩越快，气团内原子的运动也越来越快，内部温度越来越高。当气团温度达到 1000 万摄氏度以上时，就会发生核反应。核爆炸后散布在星际空间的宇宙尘和气体云，就是形成行星、卫星及其大气的基本原料。

　　综合分析来自地球本身、太阳、陨石等各方面的证据，科学家推论地球形成于距今46 亿年以前。在太阳辐射的作用下，构成原始地球的氢、氦和其他含氢气体从地球逃逸，而被禁锢在地下的水汽、二氧化碳、二氧化硫等气体通过火山爆发等方式释放出来，形成地球早期的大气圈。

## 极简地球生命史

关于地球上的生命起源，还有很多争议。但科学实验已经证明，最简单、最早的生命可以出现在地球原始的大气中。

而绿色植物的出现是地球生命史上的一个巨大飞跃。绿色植物所富含的叶绿素，能利用太阳光，将其所吸收的二氧化碳与体内的水进行光合作用，放出氧气。充足的氧气在高空形成可以保护动物的臭氧层。

动物出现后，它们的呼吸作用逐步调节大气中氧和二氧化碳的比例，最终在距今6500万年的新生代时期，形成了我们今天的大气成分构成。

也正是由于大气的温室效应，才使地球表面平均气温达到15℃，形成适宜人类生存的温度环境。

## 近 200 年气候变化皆因人而起

地质学家对古气候变化的研究表明，地球表面温度曾经有过平均22℃的暖期，也有过平均12℃的冰期。造成地球表面温度重大变化的原因有多种，包括大陆漂移、火山地震造成的地形和地貌的变化，海洋环流的改变，大气中温室气体成分的变化，以及太阳辐射和地球轨道的变化等，而每次变化，都伴随着物种和生态系统的重大转变。

上述导致气候变化趋势的几个长期因素，如地球自身的构造运动和轨道变化，放在近200年气候变化的时间尺度上，几乎可以忽略不计。而火山喷发、厄尔尼诺事件等短期因素，虽可导致全球气温在一两年内的升降，却难以成为影响百年以上气候变化趋势的主因。

通过综合分析，全球科学界达成共识：工业革命以来发生的气候变化，无法用自然原因来解释，只有人类活动，才是导致这种变化的主要驱动力。

## 地质学家的眼光

地质学家恐怕是这个世界上眼光最辽阔、久远的一群人了。在他们眼里，长达46亿年的地球历史上，气候总是在变化，生命从无到有，经历了从郁郁葱葱的树木覆盖着南极洲、恐龙在全球漫步游荡的暖期，到整个地球几乎完全被厚达千米的冰雪覆盖、生物大灭绝的冰河时期。

因为研究对象时间尺度的不同，气候学家对未来气候变化的种种预测，在地质学家看来，都"不算什么事"。实话说：一切不但早已发生过，而且有过之而无不及。

地球漫长历史上的气候变化完全是由自然规律主导，而今天所发生的气候变化，人类却充当了"罪魁祸首"。

人类与地球上曾经出现过的其他生物一样，最终都会有灭绝的那一天——想到这一点，你也会有点小小难过吧？我们不希望那是由人类自身的愚蠢行为引起，更不希望那一天加速到来……

知道分子

地球表面温度曾经有过平均 22℃的暖期，也有过平均 12℃的冰期。

第 *46* 个故事

# "锦瑟无端"

代表全球气温的
音调一直在爬升。

| 问题来了！ | "美国大学生丹尼尔·克劳德福是怎样做到'让气候可以听到'的？" |

　　交响乐的名称起源于古希腊，由"和音"与"和谐"两个词组成。到古罗马时期，交响乐演变成为泛指一切器乐合奏曲和重奏曲的代称。自15世纪欧洲文艺复兴时期起，交响乐被当作一切和声性质的、多音响器乐曲的标志。经过几百年不断完善，交响乐作为一种独立的艺术形式在世界乐坛占据了重要地位，伴随着乐队形式、编制上的发展，最终在贝多芬交响乐的创作中达到完善。

　　交响乐队一般来说由弦乐、木管、铜管、打击乐和色彩乐器5个器乐组组成。交响乐采用的这些乐器覆盖了从高音到低音人耳能接收到的几乎所有声调，因此有着非常丰富的艺术表现力。一首美妙的交响乐，需要在指挥家指挥下，由发出不同频率的乐器共同完成。

## "乐谱"

　　地球气候目前所发生的变化，也可以看成是一首由大自然作曲的交响乐。只不过，它是在一位看不见的"指挥家"指挥下，由不同的自然、人文因子共同"演奏"的。

　　科学研究发现，能够影响地球气候变化的强迫因子，可以横跨从几年到数亿年的时间尺度：来自地球外部的强迫因子，如太阳系在银河系的活动和银河系尘埃的变化周期，在2亿～5亿年；而地球内部的强迫因子，如大陆漂移、造山运动和地壳运动，则在10万～100万年的时间尺度上变化；其他因子如太阳辐射量变化、地球绕太阳的轨道变化、火山活动、海洋环流和大气成分变化等，时间尺度在1～1万年。地球气候的变化历史，就是由这些发出不同"音调"（时间周期）的因子的合成，最终形成的"乐谱"。

## 让气候可以听到

为了让更多公众认识气候变化的影响，气候科学家和环保活动家在公共宣传上做了大量工作，但由于他们所展示的大多是传统的图表和统计数字，往往很难引起缺乏专业知识的社会公众的共鸣。为此，一些艺术家开始尝试通过艺术的方法，如绘画、影视、音乐等，来描述过去、现在和未来的气候变化。就读于美国明尼苏达大学的丹尼尔·克劳福德就是其中的一位。

与别人不同的是，克劳福德想要提供一个表达气候变化的新方式——让气候可以听到。

## 《我们正在变暖的星球》

我们都知道，声音的产生来自物体的振动，振动的快慢产生了不同的声音。在音乐中，我们会听到不同频率的声音，频率高则音调高，反之亦反。

根据这一原理，克劳福德在地理学教授斯科特·圣乔治的指导下，将美国宇航局提供的1880年到2012年全球平均温度数据进行了处理。他将温度最低年份定为最低音符，随着温度的发展变化，音调也发生相应改变。这样，整段乐曲跨越了三个8度音，每个半音向上或向下代表了约0.03℃的变化。

克劳福德将这首完全采用真实的气候观测数据谱曲的乐曲命名为《我们正在变暖的星球》。当最终将所有数据转换成音乐，并用大提琴演奏时，他自己都被所听到的乐曲震惊了。

乐曲一开始，克劳福德的大提琴奏发出了对应于19世纪末期到20世纪初期间较冷年份的平缓低音。进入20世纪40年代，伴随着温度上升，大提琴音调略有升高。而进入20世纪90年代和21世纪初后，大提琴演奏出越来越高的音调，直到最强音。

## 乐章未完成

虽然《我们正在变暖的星球》实现了将科学数据可听化，但正如克劳福德所说，这首乐曲最有说服力的部分还没有被写出来——

如果科学家对未来气候变化的预测是正确的，那么在未来一个世纪，全球气温还将继续上升 4 ~ 6℃。相比自 1880 年以来的全球气温上升 0.8℃，如果还有谁要续写这个乐曲的话，其产生的音调，将远远超出人类听觉极限！

"锦瑟无端五十弦，一弦一柱思华年"。华年似水，我们多么希望，人类能和谐地与自然相处，在能够掌控的范畴内，不让气候变化显得那么"无端"；我们多么希望，克劳福德精心完成的乐曲，不要成为一曲人类被自己毁灭的丧歌！

知道分子

自 1880 年以来的一百多年里，全球气温上升了 0.8℃；而按照科学家对未来气候变化的预测，未来一个世纪，全球气温的上升幅度将成倍增长，达到 4 ~ 6℃。

# 一半是冻土，一半是忧虑

树林像喝醉的人一样在跳舞：
好看，但真的不好玩！

Samantha Ye

| 问题来了！ | "北极圈内森林中的'醉树林'现象，是怎么产生的？" |
| --- | --- |

近年来，在北极圈内的美国阿拉斯加州、加拿大和欧亚大陆北部低洼地带的白桦和黑杉等浅根系树种森林，出现了一种被当地爱斯基摩人称为"醉树林"的新景观。远远望去，在大多数高耸挺拔的树木衬托下，一些树木以各种角度摇曳其中，似乎是维也纳新年舞会中的舞者，让观者为之陶醉。

好看，但并不好玩。科学家对这一自然界新景观进行观察研究后发现，"灌醉"这些树木的，是由人类活动所"酿制"的全球气候变暖这杯"毒酒"。

## 陆地的一半是冻土

从自然地理学角度看，北极圈内的土壤都是地质学上称为冻土的一类特殊土壤。从全球范围看，冻土是指土壤温度在0℃以下，并含有冰的各种岩石和土壤。冻土在北半球主要分布于北冰洋沿岸，包括欧亚大陆北部、北美大陆北部，以及北冰洋的许多岛屿等高纬度地区，另外还有一些高海拔地区，如我国的青藏高原。

科学家根据土壤冻结时间的长短，将冻土分为短时冻土（数小时、数日至半月）、季节冻土（半月至数月），以及多年冻土（又称永久冻土，指的是持续两年或两年以上的冻结不融土层）。地球上多年冻土、季节冻土和短时冻土区的面积，约占陆地面积的50%。其中，多年冻土面积占陆地面积的25%。俄罗斯和加拿大近一半的领土以及美国阿拉斯加州85%的土地都是冻土区。

## 当冻土融化

通常冻土土体浅薄，土层厚度不足 50 厘米。但由于冻土区占全球陆地面积的一半以上，在自然生态系统的多样性和土壤生产力等方面，它又是不容忽视的因素。

在自然生态系统方面，冻土融化产生的融水，一方面形成了新的池塘甚至湖泊，另一方面，使千万年来形成的河流水系发生改变，打乱了野生动物的自然迁徙之路，如鱼类的洄游产卵、鸟类的筑巢和小型哺乳动物的季节性迁徙。

在土壤生产力方面，首先，季节性冻土的土层和岩层中的水年复一年地反复冻结和融化，直接破坏了土体和岩体的原有结构；其次，冻土层包含了大量的冰，当上部解冻时，所产生的融化水会使松散土层达到饱和状态，并在重力作用下发生下滑；再次，土壤融化层、冻结层厚度的改变，直接影响了融雪水和降水在土壤中的循环过程；最后，由于冻土表层有机质含量低，有效养分含量也少，在其上生长的植物的类型和生长状况，对冻土的变化非常敏感。

## 灾害不断

科学家对北极地区冻土变化的长期研究发现，导致冻土厚度和空间分布变化的主要原因，是大气和陆地表面之间的热量交换。

随着全球气候变暖趋势日趋明显，北极地区大面积永久冻土也以前所未有的速度融化，冻土的融化和冻结交替过程频繁出现，导致了地面上升和下沉的蠕变运动，最终产生了"醉酒树"这一新景观。

对于世代生活在这些地区的土著居民来说，土壤融化造成树木倾斜甚至倒毙还只是小事，而冻土融化造成的路面开裂，油气管道移位、断裂和开孔，房屋建筑的漂移和倒塌等灾害在这些地区迅速蔓延，对他们的生活生产才是真正的威胁。

## 释放甲烷

科学家的一些初步研究表明，冻土既可以吸收大气中的二氧化碳，也可以释放原本贮存于冻土中的有机碳和甲烷等温室气体，因此，冻土融化后对全球气候变化的"净贡献"更是科学家所关心的，并成为近年来极地气候变化研究中的一个热点。

通常，在外部压力较高、温度较低的情况下，冻土区地下的甲烷是以甲烷水合物的形式稳定存在的。当全球变暖导致冻土融化，甲烷就可以"脱水"而成为气态，并释放到大气层中，这会反过来加剧全球变暖。据粗略估计，目前每年从北半球冻土地区释放进入大气的甲烷，约占全球自然界释放甲烷总量的25%。

如果不尽快抑制住全球变暖的快速增长趋势，事情恐怕会变得更糟。

知道分子
_____

地球上多年冻土、季节冻土和短时冻土区的面积，约占陆地面积的50%。
_____

# 走过的人说珊瑚少了，走过的人说珊瑚在长

太多的二氧化碳导致海洋酸化，
也进一步影响了珊瑚的钙化速度。

| 问题来了！ | "为什么海洋酸化会使珊瑚礁消亡？" |
|---|---|

## 珊瑚虫的墓床

澳大利亚大堡礁被称为自然界七大天然奇景之一。它由纵贯于澳大利亚东北沿海的2900个大小珊瑚礁岛组成，南北绵延2011千米，最宽处161千米，总面积超过34.5万平方千米。1981年，联合国教科文组织将这个被称为"海洋生物天堂"的世界上最大、最美的珊瑚礁群作为自然遗产，列入了《世界遗产名录》。

大堡礁面积广阔，礁体坚硬。同世界上其他地区的珊瑚礁一样，它也是珊瑚虫一代代新陈代谢、生长繁衍过程的产物。

珊瑚虫是一种海洋腔肠生物，主要以捕食海洋中细小的浮游生物为食。我们日常所见的珊瑚，是珊瑚虫在生长过程中不断吸收海水中的钙和二氧化碳所分泌出的外壳。珊瑚虫喜欢聚居，在幼虫阶段就会自动固定在先辈珊瑚的石灰质遗骨堆上，大量珊瑚虫在生长繁衍过程被不断分泌出的石灰石黏合在一起，经过长期的压实、石化，最后形成礁石乃至岛屿。所以，说句煞风景的话，珊瑚礁其实是无数珊瑚虫的墓床。

## 可观可用

自古以来，鲜艳美丽的珊瑚就备受推崇并被广泛利用。公元前5世纪，印度文献中就已有佩戴红珊瑚饰品的记载；古罗马人和古波斯人都将红珊瑚作为航海旅行和护佑儿童的护身符；而红珊瑚项链更曾是英国、法国皇室最流行的珠宝饰品。中国人的祖先在距今4000年前的新石器世代就已使用红珊瑚饰品来装扮自己；由于佛典将珊瑚列为七宝之一，珊瑚成为幸福与永恒的象征，也代表着高贵与权势，独特的文化内涵使红珊瑚在中国有着比玉石翡翠更高的身价。

中国古代医学早就注意到珊瑚的药用价值。李时珍在《本草纲目》中注明珊瑚有明目、除宿血的功效。西方医学近年来更是将珊瑚礁生态圈冠为"21世纪人类的药品柜"。由于珊瑚是静止的动物，为免受天敌的侵害，自身演化出多种防御和保护自己的化学物质，这些物质为新药物的开发提供了重要资源，一些药物也已经被用于治疗癌症、阿尔茨海默病、心脏疾病和其他疑难杂症。

## "海洋的热带雨林"

事实上，珊瑚和珊瑚礁的作用，远远不止这些。

首先，珊瑚礁容纳了地球上最大的海洋生物多样性，为不同种类的鱼和软体动物提供了庇护所，其功能足以媲美陆地上的热带雨林，因此被誉为"海洋的热带雨林"。作为地球上最宝贵的生态系统，珊瑚礁生态系统为全球超过4000万人的生存每年提供数十亿美元的食物和生活来源。

其次，大多数珊瑚礁形成于温暖的浅海，经过千百万年缓慢生长，呈现出堤礁、岸礁或环礁等不同形状，这些珊瑚礁大幅度减缓了海浪对海岸的冲击，为沿海地区的人类生产生活提供了天然屏障，这也是大堡礁名字的由来。

最后，最为重要的是，珊瑚虫通过吸取海洋中的二氧化碳，在为自己构造坚硬的石灰岩外壳的同时，起到了控制海洋中二氧化碳含量的重要作用。如果没有珊瑚，海洋中的二氧化碳含量将大幅上升，对地球上的万物产生重大影响。

## 海洋也会变酸

科学家近年观测表明，全球珊瑚礁生态系统正面临严重威胁。全球气候变化、对珊瑚资源不可持续的采集和来自陆地的污染等，已导致全球珊瑚礁减少了15%。随着全球平均温度的升高，珊瑚大范围死亡（白化现象）和传染性疾病暴发会变得更加频繁。

同时，由于大气中由人类活动产生的二氧化碳含量快速增加，海洋每年要多吸收额外的二氧化碳，导致海水的 pH 值降低（海洋酸化），也进一步影响了珊瑚的钙化速度。据估计，全球珊瑚礁在未来 10 ～ 20 年内有可能减少 20% 以上。而从珊瑚礁上发现的从数百万年前到现在环境变化的证据表明，地球上的珊瑚礁曾出现过 5 次大灭绝，而每次都与海水吸收过多的二氧化碳和甲烷并最终导致海洋酸化有关。

虽然今天导致珊瑚礁快速消亡的罪魁祸首与历史上一样是温室气体，但造成这些温室气体增加的，已不是彗星撞击或火山爆发，而是我们人类无节制的行为。长此以往，蔚蓝的大海，将成为一片珊瑚礁的墓床！

"走过的人说树枝低了，走过的人说树枝在长"（顾城《墓床》）——你会不会想起那首诗？

知道分子

地球上的珊瑚礁曾出现过 5 次大灭绝，每次都与海水吸收过多的二氧化碳和甲烷并最终导致海洋酸化有关。

第 *49* 个故事
# 脆弱的鸟们和它们的地球

"我们还用得着
飞那么远去过冬吗?"

| 问题来了！ | "为什么鸟类迁徙模式的改变会威胁到人类健康？" |
|---|---|

　　每年 4 月中旬至 5 月下旬，我国丹东鸭绿江口国家湿地自然保护区都会迎来 250 多种、总数多达数十万只的候鸟。每天，潮水会慢慢没过候鸟停落的湿地，就在潮水彻底没过湿地的一刹那，数万只候鸟同时展翅飞向空中，其壮观场面，让来自世界各地的野生鸟类研究专家、鸟类保护者和广大游客激动不已！

## 《迁徙的鸟》

　　鸟类迁徙一直是人类最感兴趣的自然现象之一。西方历史记录显示，早在 3000 多年前，古希腊作家荷马和亚里士多德就记录了鹳、斑鸠、燕子等鸟类的迁徙现象，而有系统的科学研究，则始于 18 世纪中期芬兰科学家对鸟类春季迁徙日期的科学记录。

　　1998 年，法国著名导演雅克·贝汉组织了一个包括 50 多名顶级飞行师和 50 多名鸟类专家、总数达 300 多人的摄制组，拍摄出被称为自然史诗巨作"天地人"三部曲之一的《迁徙的鸟》。该影片的制作花费了整整 4 年时间，在全球五大洲行程近 10 万千米，真实记录了各类候鸟异常艰辛的迁移过程。

　　看到候鸟们沿途经受的天气变化考验，在大风沙中寻找飞行方向，在冰天雪地中保护自己以及应对高温酷热天气的时候，观众无不动容。可是，人们最想问的还是，鸟类为什么每年要如此千辛万苦地来回迁徙？

## 8 条线

　　利用先进的无线电和卫星追踪技术，科学家勾画出全球候鸟的迁徙路线。在 8 条候鸟迁徙路线中，东非西亚、中亚和东亚澳大利亚3条路线几乎覆盖了我国的全部领域。对这些迁徙路线的分析，并结合生物学、遗传学方面的证据，科学家认为鸟类迁徙主要起源于对食物的追寻和对寒冷气候的防范。

通过南北长距离的迁徙，鸟类可以让自己始终生活在最合适的气候里，以便获得丰富多样的食物来源，在维持自身强烈代谢所需能量的同时，也为养育后代创造最合适的食物和环境条件。

## 纯负面影响

科学实验表明，虽然经过千万年的进化，许多鸟类的迁徙已经成为它们生命本能的一部分，但是随着环境不断变化，鸟类的迁徙行为也会发生变化。例如，地中海地区野生的金丝雀原本是一种留鸟，在过去几十年里，它的分布区扩展到欧洲大陆波罗的海地区，这些生活在新分布区的金丝雀就变成了候鸟。

候鸟是从它们自身状况和周围环境变化，特别是温度变化来确定什么时候开始迁移的，并根据气候和其他环境相关因素来分配中途停靠和到达最终繁殖地的时间。一般而言，气温上升会导致鸟类迁徙开始的时间提前，也会改变它们完成迁徙的总时间。

观测表明，近几十年北半球地区的年平均温度线每年都会向北移动4千米。尽管这些变化的大小在不同地理区域有所不同，但观测分析表明，由气候变化造成的鸟类迁徙模式改变，对鸟类生存造成的都是负面影响。

## 脆弱一环

西班牙著名鸟类学家费雷尔发现，由于气候变暖，过去长途迁徙的候鸟现在只进行短途迁徙，而短途迁徙的候鸟已经不再迁徙了。据他估计，全球有将近200亿只候鸟（约占全世界候鸟总数的70%）已经由于气候变化而改变迁徙习性，这些改变又引发了它们繁殖习惯、进食习惯和遗传多样性的改变，进而对它们所处食物链上的生物造成了巨大冲击。

　　例如，作为候鸟食物的蝴蝶也受到气候变化影响，但因为蝴蝶的生命周期短，进化快，能够更快地适应环境变化，包括改变固有的生长地，而鸟类的进化往往难以跟上蝴蝶，使得鸟类在其迁徙过程中失去一个重要的食物资源。无法及时调整自己的迁徙模式，或者不能跟上其食物链上其他环节的变化速度，已经成为一些鸟类灭绝的主要原因。

　　鸟类迁徙模式对气候变化极为敏感，它的未来改变，不仅会导致鸟类物种的灭绝，更重要的是，作为生物圈中极重要且脆弱的一环，还会直接影响到人类健康，SARS 和禽流感的暴发，就是脆弱的鸟们给人类敲响的警钟……

知道分子

由于气候变暖，全球有将近 200 亿只候鸟（约占全世界候鸟总数的 70%）改变了迁徙习性。

# 弗里茨·哈伯的无心之罪

人类对食物的需求越来越高，
化肥在农业中使用越来越多，
地球自然系统中的氮平衡被打破。

| 问题来了！ | "惰性氮与活性氮有什么区别？" |

氮是地球大气层中最为丰富的一种化学元素。虽然氧气是人类生存所必需，但我们每吸一口空气，其中78%却是氮气。在自然界中，氮以不同的化学组成在大气、植物、动物以及生活在土壤和水中的微生物之间循环，这也是生物圈基本的物质循环之一。

## 惰性氮与活性氮

大气中的氮气非常稳定，也因此被称为"惰性"氮。虽然氮存在于所有动物体内蛋白质的氨基酸中，是构成诸如DNA等核酸的4种基本元素之一，大气中的氮却不能被动物直接吸收利用，而只能通过进食植物获得。

而在自然界中，生物活动所产生的氮的化合物却非常活跃，被称为"活性"氮。例如，被列为与二氧化碳、甲烷有同等重要性的温室气体氧化亚氮（$N_2O$），就来源于许多自然生态过程。它由细菌分解土壤和海洋中的氮所生成，并通过被另外一些细菌吸收，以及被紫外线辐射和化学反应破坏而保持平衡。

## 哈伯法

在植物生长发育的过程中，需要大量的氮，来制造可进行光合作用的叶绿素分子，土壤活性氮的含量也因之成为影响农业生产能力的主要因子。缺少活性氮，会导致土壤有机质耗竭、肥力下降，进而导致农作物产量下降、蛋白质含量降低。适当增强土壤中的氮肥力，不仅可以大幅增加农业产量，也是保障粮食安全和营养安全的必要手段。

1905年，德国化学家弗里茨·哈伯发明了将大气中的惰性氮转化为活性氮的方法——合成氨技术，又称为哈伯法，使人类从此摆脱了依靠天然氮肥的被动局面，为全球农业产量的大幅提高作出了杰出贡献，他也因此获得 1918 年瑞典科学院诺贝尔化学奖，被人们赞誉为"用空气制作面包的圣人"。

但是，哈伯发明的人为固氮方法，即化学氮肥的生产应用，在提高农产品产量的同时，也给生态环境带来显著压力。从全球范围看，目前与氮循环有关的温室效应、水体污染和酸雨等生态环境问题正快速加剧。

## 人为温室气体：氧化亚氮

随着全球人口不断增加，其对食物的基本需求和奢侈需求越来越高，促使包括氮肥在内的各类化肥在农业上的广泛和无节制使用，加之牛羊猪鸡等家畜家禽饲养量增加带来的排泄物增加，以及化学产品和化肥生产中的排放、汽车尾气排放等，由人类活动排放的氧化亚氮（$N_2O$）已经占全球生物圈向大气排放总量的 40% 之多。而氧化亚氮在大气中的生存期长达 114 年！

大气中的氧化亚氮含量越来越高，当它进入大气平流层以后，会消耗其中的臭氧，使到达地面的紫外线辐射量增加，对人体健康造成影响。同时，氧化亚氮所产生的温室效应，又是相同重量的二氧化碳的 300 倍！

氧化亚氮作为最重要的人为温室气体之一，不仅直接改变了地球对太阳辐射的吸收，还改变了全球碳循环过程，从而间接影响全球气候变化。

## 过量"活化"

科学家发现，在中高纬地区，对森林增加氮肥的施用，会促进树木的生长，进而增加对大气二氧化碳的吸收，提高森林固碳能力。从几十年的时间尺度上看，这对大气有着净冷却的效果，有助于减缓目前气候变化的速度。

但是，增加土壤的氮肥供应，多余的氮元素会通过暴雨、地下水等流入河流，增加湖泊和出海口地区氮的总量，造成局部地区水体富营养化，使蓝藻菌和其他藻类大量繁殖，导致水生生物因缺氧而大量死亡。另外，氮在土壤中的积累，所增加的养分有利于非本地物种的生长增长，最终会导致当地生态系统的生物多样性发生改变。

地球自然系统中的氮平衡对人类健康和生存环境都有着重要的潜在影响。由于人类工农业生产和生活活动所导致氮的过量"活化"，已使自然界原有的固氮和脱氨失去平衡，越来越多的活性氮向大气和水体过量排放，正引发新的区域和全球环境问题。

历史上，哈伯曾因在一战中担任化学兵工厂厂长时负责研制、生产氯气、芥子气等毒气并使用于战争，造成近百万人伤亡而遭人诟病。时至今日，他的"罪名"恐怕又得加上一宗。不过，发明合成氨技术，将大气中的惰性氮转化为活性氮，对哈伯来说，实为无心之罪——今天的局面，谁也不愿意看到。

知道分子
─────────────────────────────────────────────
我们每吸一口空气，其中78%是氮气。
─────────────────────────────────────────────

第 *51* 个故事

# 加州 "水官司"

加州的水权法，
很可能是美国最复杂的法律。

| 问题来了！ | "位于美国西部的加利福尼亚州为什么会频遭旱灾？" |
|---|---|

## 加州大旱

2012 年至 2017 年，美国人口最多、灌溉农田产量最高的加利福尼亚州经历了 135 年以来最严重的干旱。

2015 年，美国国家干旱监控中心将该州 40% 的地区列为最高干旱等级。内华达山脉雪山的融雪是加州重要的水资源来源，为全州提供大约三分之一的水量。监测显示，2015 年全加州的积雪仅相当于历史平均水平的 5%，创下有史以来最低。

面对连续性的灾难性干旱，2015 年 4 月，加利福尼亚州州长布朗发布了加州历史上首次全州范围内强制性限水规定，要求全州用水量比 2013 年减少 25%。

严重的旱情给加州经济生产、居民健康和日常生活带来了一系列威胁。

## 牵一发动全身

加州拥有 381 家啤酒酿造厂，是美国酿酒厂最多的一个州。为节约用水，一些酿酒厂被迫增加投入，安装新的水循环系统，而另一些酿酒厂则不得不选择了迁址。

作为美国第三大石油生产地，在过去 10 年里，加州平均每年增加 300 口油井，其中半数都采用了需要大量水资源、同时排放大量废水的水力压裂法开采油气，州政府的限水令大幅度增加了利用水力压裂法进行开采油气的生产成本。

经由蚊子传播的西尼罗河病毒多发于干旱地区，多年来不断加重的旱情诱发了西尼罗河病毒疫情在加州地区的扩大。2014 年，加州发生了历史上最多的感染病例，导致 31

人死亡，不少鸟类也被发现感染了这种病毒。

干旱还迫使加州城市居民改变了他们原有的生活习惯。为了应对大旱，加州不少城市不但全面禁止了新游泳池的建设，还对现有游泳池的排水和注水实行了更为严格的限制。改变饮食习惯也成为节约用水的一个途径。由于生产坚果类食品和牛肉对水的需求量极大（比如生产一个美国大杏仁需消耗 1 加仑水，约 4.4 升），一些城市居民还提出了少吃坚果和牛肉汉堡包的倡议，并身体力行。

## "现金换草皮"

持续干旱也催生了一些新的产业。

据加州房屋建筑基金会的数据表明，加州一幢 3 卧室住宅每年平均要消耗 642 吨水，其中的 57%、约 366 吨水被用来灌溉花园和景观。从 2009 年开始，加州政府制订了一项"现金换草皮"的节水计划，鼓励居民将耗水多的草坪和花园，替换成抗旱植物，甚至石头等景观。随着旱情加重，政府又加大了对这项计划的支持力度：一是增加了补偿款；二是对补偿所得免征税收。

该计划受到越来越多民众的欢迎，而园林景观设计规划公司也从中嗅到了商机，推出免费帮住户更换草坪，与业主共享政府补偿款的服务模式。

然而，各级政府和广大城市居民为节水而绞尽脑汁采取的各种对策的效果并不让人满意，评估显示，这些举措仅实现了全州减少用水量目标的一半。究其原因，加州错综复杂的水权法成为此次限水令对农业用水限制难以逾越的一关！

## 复杂的水权

加州最高法院曾公开声明，加州水资源分配所涉及范围之广和技术复杂性之强，是任何其他类型的法律争端都无法与之相比的。

由于历史原因，加州水权被以多种方式划分。首先，水的来源被分为地表水和地下水；其次，对于地表水，又按照原住民、河岸带拥有者、最早用水者和联邦政府的顺序授予用水优先权。在正常年景，水权法保证了不同优先权的用水者能按照自己的意愿安排生产生活用水，但是当遇到特大干旱时，对水权法的不同解释就常常引发农户之间、城市与农村之间、地区之间在有限水资源分配、监督和审核方面的法律争端。

随着全球气候变化日趋严重，气候学家预测，持续不断的重大旱灾将成为美国西部气候的新常态，而如何应对这一新常态，也将成为加州政府和公众在今后一段时期的首要问题。

作为全球社会经济最发达、法律和民主制度也相对完善的地区，美国加州如何应对严重旱灾，或能为全世界提供新思路。

知道分子

生产一个美国大杏仁需消耗 1 加仑（约 4.4 升）水。

# 正在变暖的世界和《正在变冷的世界》

"来，

打一针，

冷静一下。"

| 问题来了！ | "为什么全球变暖会导致地球提前进入冰期，并最终导致全球变冷？" |

近年来全球气候持续变暖。但绝大多数公众，尤其是年轻人可能并不知道，让科学界真正关注全球变暖问题的起因，却是 40 多年前美国《新闻周刊》（*Newsweek*）发表的一篇科学采访报道。

## 40 年前的担忧

发表于 1975 年 4 月 28 日的这篇以《正在变冷的世界》（*The Cooling World*）为题的报道仅有短短的 9 段，也不是封面故事，却使其作者——时任《新闻周刊》科学编辑的 Peter Gwynne 一夜成名。在全球变暖的政治论战中，这篇文章更是被那些气候变化的反对者经常引用，以证明全球变暖在科学认识上的不确定性。

Peter Gwynne 报道的起因，是当时所观测到的全球温度自 1940 年持续下降，以及苏联科学家对此现象做出的地球将进入新的冰期的预测。

Gwynne 就全球温度未来趋势和可能造成的影响采访了美国相关部门和研究单位的科学家，从媒体角度归纳出全球有可能进入小冰河期的结论，并强调各国政府如果不尽快采取有效措施，地球很可能进入毁灭文明的冰期时代。

虽然 40 年后，科学家已证明当时所发生的全球温度降低是由于大量燃烧化石燃料产生的气溶胶和硫酸根离子增加所导致的，但该文章确实是客观报道了当时的科学认识。

## "罗马暖期"

从人类社会发展史看，全球变冷而不是全球变暖对人类文明影响更著。历史上许多曾经繁荣的城市迅速走向毁灭都是发生在全球气候变冷时期。这是因为古代农业生产技术水平低下，主要靠天吃饭。而气候变冷直接导致农作物生长季节变短，产量大幅度降低，食物持续短缺造成饥荒，最终引发社会动荡乃至文明的毁灭。

根据史料分析，大约在公元前 1200 年，地中海海水表面温度出现持续低温，寒冷的气候缩短了适合作物生长的季节，也使得海洋蒸发减少进而降雨减少，在爱琴海和地中海东部地区出现了长达一个世纪的持续干旱，最终摧毁了这些地区古老的文明。而帮助人类社会结束这一毁灭性灾难的正是气候变暖，史称"罗马暖期"。在这个时期，气温迅速上升，农作物生长期延长，海洋蒸发量增加为庄稼带来了大量降雨，提高了粮食产量，充足的食物为古罗马的崛起奠定了物质基础。

## 中世纪暖期与小冰河期接踵而至

历史在公元 1200 年左右重演，只不过这次是暖在前，冷在后。

在著名的中世纪暖期，气温急剧上升，作物产量大幅度提高，人类健康有了非常大的提高，人类文明也因此迎来了兴盛。

而在随后而至的小冰河期，低温导致作物产量下降，极端天气频繁出现，时常发生的饥荒对人类社会造成重大破坏。

回看历史，古代农业文明受益于全球变暖应是不争的事实。不过，当人类进入工业文明时期后，人类活动对地球自然环境施加了大范围、高强度的持续影响，人为导致了日益加重的全球变暖，其效果就不一样了。

## 从自然变暖到人为变暖

与过去不同的是，今天的增温速率前所未有，这使得地球生态系统中的许多组成部分，包括人类自身都难以及时有效地适应；此外，对人类生产生活直接造成影响的极端天气气候事件也在全球范围增加。

德国科学家对全球数千个气象站过去 100 年的降雨数据分析发现，在 1980 年前，极端降雨变化规律基本可以用自然环境的变化来解释，但在过去 30 多年间，不可预测的降雨事件呈增长趋势，而极端降雨事件发生的数量也较全球变暖前增加了 12%。

工业革命以来，人类通过燃烧化石燃料和对土地的改变，每时每刻开展着影响深远的地球工程实验，成为主导地球系统发展的一支重要力量。与历史上自然发生的全球变暖促进文明发展不同，由人类活动导致的全球变暖，正大幅度增加着灾害风险，并有可能使全球提前进入冰期，而由此引发的全球变冷，将给人类社会带来灭顶之灾！

正在变暖的世界之后，也许就是一个"正在变冷的世界"。

知道分子

公元前 1200 年左右，爱琴海和地中海东部地区出现了长达一个世纪的持续干旱，最终摧毁了这些地区古老的文明。而帮助人类社会结束这一毁灭性灾难的是史称"罗马暖期"的气候变暖。

第53个故事
# 大河恋

"老人河啊老人河!
你知道一切,
但总是沉默,
你滚滚奔流,
你总是不停地流过。"

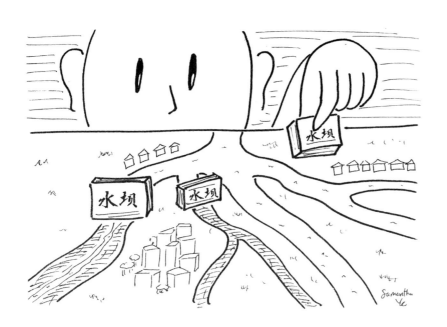

| 问题来了！ | "鸟足形三角洲是怎么形成的？" |
|---|---|

2005 年 8 月 29 号凌晨，卡特里娜飓风以 3 级飓风的强度登陆美国路易斯安那州，短短几小时，狂风暴雨加上高达 9 米的风暴浪潮，将原本卫护新奥尔良市的高大土质堤坝和混凝土防洪墙顷刻冲垮，最终造成 1800 多人死亡和近千亿美元的经济损失。卡特里娜飓风也因此成为美国历史上造成经济损失最大的自然灾害。

## 鸟足形三角洲

虽然卡特里娜飓风是新奥尔良市遭受毁灭性打击的直接原因，但真正的罪魁祸首却是数十年来人类活动对城市外围数千平方千米的密西西比河三角洲湿地的严重破坏。

三角洲是河流流入海洋、湖泊、水库时因流速减低，所挟带的大量泥沙在河口段淤积延伸，逐渐形成的堆积体，是一种常见的地表形貌。受到河流流速、含沙量、当地地形、海洋状况等因素的影响，河口三角洲有不同形状，如我国黄河三角洲就是在弱潮、多沙条件下形成的扇形三角洲，而世界上最大的河口三角洲——美国密西西比河三角洲——则是一个典型的鸟足形三角洲。

鸟足形三角洲往往出现在海洋波浪作用较弱的河口区，河流分叉为几股同时入海，各汊流的泥沙堆积量超过波浪的侵蚀量，泥沙沿各岔道堆积延伸，形成长条形大沙嘴伸入海中，使三角洲外形呈鸟足状。由于这种岔道比较稳定，两侧常发育出天然堤坝，起着约束水流的作用，使汊流能够继续向海伸长。天然堤一旦被洪水冲积，就会产生新的汊流。

## 百年折腾

在过去 5000 年中，密西西比河三角洲的沉积过程使得其海岸线向墨西哥湾内推进了 24 ~ 80 千米，形成一个 1.2 万平方千米的海岸湿地生态环境。平坦的地势、肥沃的土地、适宜的气候和依河临海的生态环境，不但为农业、渔业、养殖业、航运业的发展提供了有利条件，三角洲的地质演变形成的石油和天然气也使得该地区成为美国人口稠密、经济发达的重要经济区。也正是由于该地区可能产生的经济价值，导致了近百年来人类对它的过度开发和干涉。

密西西比河入海的河道平均每 1000 年左右会发生改变，老河道会由于失去了淡水和沉积物的来源而逐渐下沉、风化，进而逐渐后退，形成河湾、湖泊、海湾和浅滩。1950 年，当人们发现密西西比河将发生改道时，为了保护旧入海河道已有的巨大经济利益，美国国会花费巨资在该地区修建了大量的设施，包括大坝、人工运河和控制潮水的闸门。

虽然旧入海航道得以保留，但这些人为的措施对三角洲地区生态环境产生了极大的负面影响。首先，它们减少了淡水和沉积物进入三角洲地区，减缓了三角洲的自然生长过程。其次，淡水进入的减少导致盐水入侵，使得本来保护三角洲湿地的淡水植物死亡。最后，不合理的人工河流设计，造成来自河流、海洋等多方面的迁移性污染汇聚。

## 海水上涨，陆地下沉

正在发生的全球气候变化进一步凸显了密西西比河三角洲地区生态系统的脆弱性。

全球气候变化对包括密西西比三角洲在内的全球沿海低海拔地区而言，最直接的影响体现在三个方面：海平面上升、洪涝风险增加和更强的热带风暴袭扰。美国宇航局最新研究表明，由于科学家用于预测未来海平面上升的模型中，没有全面考虑到冰川和冰盖的快速融化，全球海平面上升将会比预期更为严重，相应的，飓风、台风和其他风暴所引发的风暴潮海浪高度也将明显增加。

同时，密西西比三角洲地区人口密集，经济活动强度大，对地下水、石油和天然气的大量快速开采，使得该地区地面下沉明显，在过去一个世纪，已造成三分之一的湿地流失，而海平面上升和地面下沉的作用结合起来，将使这种流失加剧。据估计，如不采取有效行动，密西西比三角洲地区在未来 50 年将面临大范围的陆地面积流失。

## "老人河"

所幸的是，卡特里娜飓风为新奥尔良恢复密西西比河三角洲生态系统功能提供了机遇。

十多年来，当地政府与科学家及其他社会团体相互合作、共同努力，在重建城市的同时，更加注意到将发展经济和保护生态的短期与长远利益相结合，通过泥沙改道、恢复湿地和构建海浪拦阻岛等顺应自然规律的工程建设，提高了该地区应对未来气候变化的能力。

密西西比河是美国的母亲河，美国人对这条河有着说不清的依恋。在印第安人的称呼中，"密西西比"又是"大河""众水之父"的意思。从 20 世纪 20 年代起，一曲《老人河》传唱至今，不知感动了多少人。密西西比河三角洲是美国重要的经济区，也是国家文化和娱乐的宝库。每年，仅旅游、捕鱼和休闲娱乐产业的产值就能达到 200 多亿美元。

没有人愿意看到，美丽的密西西比河三角洲风光，在这一代人手中变得面目全非。

知道分子

在过去一个世纪，密西西比河三角洲地区地面下沉明显，已造成三分之一的湿地流失；在未来 50 年内，如不采取有效措施，该地区还将面临大范围的陆地面积流失。

# 熊蜂的"舌头"为什么变短

舌头长，
有时候反而不好使。

| 问题来了！ | "高原上熊蜂数量的减少会给自然生态环境和人类生产生活带来什么影响？" |

## 从相对论谈起

1905 年，爱因斯坦发表了狭义相对论，并在 10 年后完成了广义相对论的理论证明，但直到 1919 年，英国天文学家们通过在南美洲和非洲发生的日全食观测，才最终证明了相对论是经得起实验考验的科学理论，爱因斯坦的声名一下子在全世界家喻户晓。

相比理论物理学，生物学为了证明一个物种的存在，更是以眼见为实为最高标准。对大多数生物学家而言，虽然有一些替代技术，比如获取动植物的 DNA 或通过声像资料记录新发现，但要确认地球上的新物种，标本仍是必不可少的。标本馆也就成为生物学家开展生物分类区系、形态解剖与系统进化研究的基础信息库。

在管理完善的标本馆，每一件标本都富含可为各个学科所用的科学信息。例如，标本所附带的标签，记载着该标本采集的地点、时间和周边环境等，生物学家和地理学家可以由此得到大量生物形态学、生态学、地理环境和气候演变等相关的真实信息。

## 熊蜂"舌头"变短

美国科学家就通过对比不同时段生物标本的变化，揭示了生物适应气候变化的进化过程。

与其他蜜蜂不一样，在北美落基山脉高原地区生活的熊蜂拥有一根"长舌头"，它曾经帮助熊蜂更有效地采取花蜜。然而，当科学家将 2012 年至 2014 年间采集的熊蜂样本跟 1966 年至 1980 年间保存在标本馆的熊蜂标本作比较时却发现，50 年前熊蜂有着长达

8 毫米的"舌头"，而今天的"舌头"平均仅有 5 毫米。在不足半个世纪的时间里，熊蜂的"舌头"缩短了将近一半！

对熊蜂在这么短时间内的"舌头"变短，科学家首先给出最直接的假设，一是这数十年间熊蜂的个体变小了，相应地"舌头"自然也就短了；二是熊蜂最爱吃的那些花冠较长的花朵变短了，因此熊蜂也改进了"取食工具"。进一步的测量分析却发现，熊蜂大小和它所食用的长花冠花朵的性状，都和几十年前没有区别，两种直觉假设都不成立。

## 高原上来了别的蜂群

对熊蜂生存环境变化的进一步分析，为科学家解释熊蜂"舌头"变短提供了线索。

50 年前，熊蜂是高原地区蜜蜂群体的主宰，数量超过了该地区蜂群总量的 60%，而深度超过 12 毫米的花朵大量存在，足以满足长"舌头"熊蜂的胃口。在过去的数十年间，随着全球气候逐年变暖，温度渐渐升高的高原地区已不再是熊蜂的专属区。从低海拔地区逐渐迁徙上来的蜂群，成为熊蜂最直接的竞争对手，熊蜂数量大幅下降到目前仅占群体总量的 30%。而虽然气温变暖和土壤变干对花朵形态影响不大，但较 50 年前，高山地区的花朵数量却减少了大约三分之二。

在竞争对手大幅度增加而传统食物源急剧减少的情况下，熊蜂为了生存，不得不拓展自己的采食范围。几十年前，熊蜂几乎不会采食花朵深度小于 12 毫米的花，今天，它们却不得不开始向深度仅有 5 毫米左右的花朵下手。熊蜂所拥有的"长舌头"原本是用来帮助它们专门去够到深处的花蜜的，但在吸食短小的花朵时，用"长舌头"来吸要花费更多的能量，不仅不会为取食带来优势，还会成为竞争的负担。

因此，在这 50 多年的时间里，熊蜂原本为吸食某类花朵而进化所得的"长舌头"，又由于生存环境的变化而快速变短了。

## 步步惊心

熊蜂可以居住在其他蜜蜂们不能住的地方（如高原地区），是一种特别重要的授粉昆虫。另外，熊蜂比蜜蜂绒毛多，能携带更多的花粉，提高花粉传播的效率。因此，熊蜂能否尽快适应气候变化，对于自然生态环境和人类的生产生活都有着重要意义。

科学家的研究表明，虽然熊蜂可以较快地适应高原栖息区的环境变化，但是，随着气候变化的进一步加剧，留给熊蜂的生存区域将会越来越少，仅靠熊蜂自身的适应能力，可能还是难以摆脱由气候变化带来的灭顶之灾！

岁月变迁，在落基山脉的高原上，看似不起眼的蜂、花之间，还将发生多少步步惊心的故事？

知道分子

由于气候变化，为了吸食花蜜的方便，北美落基山脉高原地区生活的熊蜂的"舌头"，在 20世纪 60 年代到现在的 50 多年间，从 8 毫米缩短到了 5 毫米。

第四辑

万能
青蛙旅店

迷途"圣婴"

气候即政治

天降大风

冬季奥运会去哪里开

拘留营气象报告

二者必须兼得：地球与和平

万能青蛙旅店

"什么口粮都不能搭救我"

知土

世界尽头：涅涅茨人、驯鹿与坑

"彼之砒霜，吾之蜜糖"

棕榈果的"正确之路"

土豆与荒年

海印

给阿尔卑斯山冰川盖床"毯子"

摇摆吧，地球

拉森 C 冰架上的裂缝

地球气候变化：石头记

# 迷途 "圣婴"

"这孩子，
越来越不听话了。"

| 问题来了！ | "进入 20 世纪，为什么厄尔尼诺发生的频率与强度有了更大的不确定性？" |
|---|---|

在印度尼西亚，焚烧森林改种经济价值更高的棕榈树，是当地农民的传统生产方式。在过去 20 年里，由此产生的空气污染已经成为印度尼西亚政府每年必须应对的问题，而 2015 年干旱季节异常延长更加重了这一问题的严重性。

环顾全球，干旱还发生在非洲多个国家，导致当地发生严重的粮食危机。美国西部加利福尼亚州的持续干旱就引发接连不断的森林火灾，造成超过 1200 万棵树死亡。而导致这些灾害发生的一个重要因素，就是被媒体广泛宣传的厄尔尼诺事件。

## "圣婴"

厄尔尼诺是西班牙语"圣婴"的意思。1892 年，秘鲁国家地理学会被一位船长告知，水手们将流经秘鲁沿岸的一条向北的暖洋流命名为"厄尔尼诺"，原因是该洋流在圣诞节期间最为明显。

但是，在其后的近百年时间，对这样一种周期性出现的海洋现象，气象学家并没有给予过多关注。反倒是靠海为生的渔业及下游产业（如海岛上的鸟粪行业）的从业者，由于一直受到这一现象影响而对其倍加关注。

20 世纪 70 年代，美国国家大气研究中心年轻的政治学博士麦克·戈兰兹通过走访南美洲国家，敏锐认识到厄尔尼诺现象对全球社会和经济发展的影响。他积极组织不同国家的研究者、企业家和政策制定者，对厄尔尼诺现象进行了全面分析。

## 1982 年至 1983 年

1982 年至 1983 年发生的厄尔尼诺现象，成为气象科学史上具有里程碑意义的事件。虽然与随后接连发生的事件相比，这一年的厄尔尼诺并不是最强，但它给全球经济造成的直接损失至少在 130 亿美元以上，而由此造成的间接损失更是难以估量。

例如，秘鲁、厄瓜多尔、阿根廷、巴西、巴拉圭等南美诸国连降暴雨，引发史无前例的洪水，造成数万人失踪。美国中西部及其大西洋沿岸地区中部、墨西哥及中美洲却发生了大范围的严重干旱。在太平洋彼岸的印度尼西亚、菲律宾、泰国、老挝等东南亚诸国，更是发生了 1933 年以来最严重的干旱。中国在同期出现了严重洪涝，黄河水位达有记录以来第二高，长江水位许多监测站达历史最高。

最令世人震惊的是厄尔尼诺引发的南部非洲高温干旱，1982 年 12 月到 1983 年 2 月降水量不足常年的一半，造成粮食大幅减产。水和食物的短缺，加之处置不当，造成上千人死亡，数万人严重营养不良。

## 历史上的厄尔尼诺

自那时起，气象科学家与其他领域的科学家针对厄尔尼诺现象进行了大量的科学观测和实验，并试图通过对历史数据的分析，寻找它的发生规律。

研究表明，在过去 300 年里，厄尔尼诺现象 3 ~ 7 年发生一次，虽然其中大多数强度较弱，但一些强烈事件的发生，对人类社会的影响却极为深远。

例如，强烈的厄尔尼诺导致 1789 年至 1793 年欧洲农作物产量的大幅度下降，间接触发了法国大革命；而 1876 年至 1877 年间的厄尔尼诺引发的极端天气，导致了 19 世纪全球最致命的饥荒，仅在中国北方，就造成上千万人死亡。

## 不确定隐忧

2018 年秋冬季，赤道中东太平洋进入厄尔尼诺状态，并发展成一次强度较弱的厄尔尼诺事件。最新一轮强厄尔尼诺事件发生在 2014 年至 2016 年。它于 2014 年 6 月开始形成，到 2015 年 11 月，中国气象局宣布已达到极强标准，这也是过去 50 年中第四个达到极强标准的厄尔尼诺事件，之前三个分别发生在 1972 年至 1973 年、1982 年至 1983 年及 1997 年至 1998 年。

科学家对过去 7000 年精确到月的降水量与温度的最新研究发现，厄尔尼诺发生的频率与强度在 21 世纪有着更大的不确定性！

如果最终能够发现这种不确定性与大气中二氧化碳浓度增加所导致的全球气候变化有关，那么在厄尔尼诺期间，发生在全球各地的热带气旋、干旱、森林火灾、洪水和其他极端天气事件就有着更大风险。

不能不说，对未来人类社会和经济的可持续发展，厄尔尼诺，都是一个巨大而不确定的隐忧。

知道分子

强烈的厄尔尼诺现象导致 1789 年至 1793 年欧洲农作物产量的大幅度下降，间接触发了法国大革命。

第*56*个故事
# 气候即政治

"如果不能让他好起来，那么，
这将是一把没有赢家的牌局。"

| 问题来了！ | "发达国家和发展中国家在应对气候变化方面要担负什么不同的责任？" |

## 共识之达成

190多年前，法国著名科学家傅里叶在试图回答"为什么地球在太阳辐射照射下并没有持续升温""是什么让大气的温度基本保持稳定"这两个看似简单的问题时，首次提出了大气所具有的温室效应机制。70多年后的1896年，瑞典科学家斯凡特·阿伦尼斯通过观测实验，在科学描述大气中二氧化碳和水分子对红外辐射吸收的特性后，发出了二氧化碳排放量可能会导致全球变暖的科学预警。

又过了70多年，1974年美国《新闻周刊》一篇以《正在变冷的世界》为题的科学采访报道，让科学界真正开始关注全球变暖问题。30多年后，美国前副总统戈尔与代表全球气候变化研究的主要科学评价组织——政府间气候变化专门委员会（IPCC）分享2007年诺贝尔和平奖，标志着全球人类社会对人类活动已经并将进一步影响未来地球气候、进而影响人类自身生存发展达成了共识！

## "共同但有区别的责任"

与科学界对大气中二氧化碳温室效应的认识过程相比，国际社会的反应，应该说是相当及时的。在20世纪80年代末到90年代初，注意到气候变化影响的全球性，联合国环境规划署（UNEP）和世界气象组织（WMO）合作成立了著名的政府间气候变化专门委员会（IPCC）。

IPCC首先组织了全球数百名顶尖专家，对已有的气候变化科研成果进行了综合评估，以明确的语言表明了科学界对已发生的气候变化及其成因的科学共识。1990 年，IPCC 发布第一次评估报告，该报告对政策制定者和广大公众产生了深远影响，奠定了联合国气候变化框架公约的科学基础，并为随后 20 多年应对气候变化的国际谈判制定了包括著名的"共同但有区别的责任"在内的一系列基本原则。

1992 年 6 月 4 日，在巴西里约热内卢举行的联合国环境发展大会上，《联合国气候变化框架公约》（UNFCCC）正式通过，成为国际社会在应对全球气候变化问题上开展国际合作的一个基本框架，从 1994 年 3 月 21 日起正式生效；并决定公约缔约方每年召开缔约方会议（COP），以评估应对气候变化的进展。至此，全球气候变化也逐步由单纯的科学问题，转变成错综复杂的、涉及全人类可持续发展的社会、经济和政治问题。

一场关于气候的政治剧，一年一集，就此拉开帷幕。

## 里程碑

在过去的 20 年间，出现了一些值得纪念的里程碑 COP。

1997 年 12 月，COP3 会议在日本京都举行，与会各国一致通过了具有法律约束力的《京都议定书》（*Kyoto Protocol*），在为发达国家设定了温室气体排放具体目标的同时，还设计了一系列灵活机制，为发展中国家组织温室气体减排行动，帮助发达国家实现其减排义务创造了机会。

2007 年在国际上被称为"气候变化年"，这年在印度尼西亚巴厘岛举行了 COP13。此前，IPCC 第四次评估报告陆续发布，IPCC 和美国前副总统戈尔共同分享了诺贝尔和平奖，气候变化成为国际社会关注的核心议题。在一片祥和的气氛中，COP13 通过的《巴厘岛路线图》（Bali Roadmap），确立了"双轨制"的设计，满足了发达国家和发展中国家各自的诉求。

然而，正当人们为 UNFCCC 谈判的未来前景信心满满的时候，先是 2008 年爆发的全球金融危机，后是 2009 年 11 月英国东英吉利亚大学气候研究中心被黑客入侵，研究人员的电子邮件曝光后引发了所谓"气候门"事件，为气候变化怀疑论者提供了新的

"王牌"，气候变化怀疑论甚嚣尘上，给随后在丹麦哥本哈根举行的 COP15 带来了不祥之兆。

果不其然，借欧盟与东道主在会议前草拟会议决议为由，来自各方利益的代表在两周的谈判中全无合作诚意。在激烈的相互指责中，COP15 仍通过了《哥本哈根协议》，首次实现发达国家和发展中国家都做出减排承诺，打破了发达国家和发展中国家减排行动的界限。

## "中国方案"

自 COP15 以来，国际气候变化谈判格局出现了新变化。

就在发达国家仍然深陷经济危机的泥潭难以自拔的同时，新兴经济体国家一方面实现了经济实力和国际话语权的逐步提高，另一方面，也正因为其社会经济的发展，而从根本上改变了全球温室气体排放的格局。

与此同时，气候变化国际谈判的不同利益方也已经看到实现合作共赢对各自发展的促进作用。

2017 年 11 月，COP23 在德国波恩召开。

在这次会上，国际媒体对中国近年来在应对气候变化方面采取的行动和为推动全球气候治理进程所提出的"中国方案"点赞。停建火电站，在太阳能、风能和水电方面加大投入，降低工业领域的排放并促进电动汽车发展……"中国方案"体现了现实的可能性和未来的发展方向。

与国际社会共同应对气候变化——中国表达了良好的意愿。

知道分子

2009 年 11 月，英国东英吉利亚大学气候研究中心被黑客入侵，研究人员的电子邮件曝光，引发所谓"气候门"事件，造成一段时期内气候变化怀疑论调甚嚣尘上。

第57个故事
# 天降大风

下击暴流的发生与大气的
热动力学结构有很大关系。

热空气

Samantha Ke

| 问题来了！ | "下击暴流与龙卷风的主要区别是什么？" |

## 祸起大马洲

2015 年 6 月 1 日 21 时 32 分，重庆市东方轮船公司所属的"东方之星"号客轮由南京开往重庆途中，在湖北省荆州市监利县长江大马洲水道翻沉，造成 442 人死亡。事件发生后，国务院成立了由来自国家安全生产监督管理总局、工业和信息化部、公安部、监察部、交通运输部、中国气象局、全国总工会、湖北省和重庆市等有关方面，包括气象、航运安全、船舶设计、水上交通管理和信息化、法律等多领域专家参加的调查组。经过近 7 个月的调查，最终认定"东方之星"号客轮翻沉事件是一起由突发罕见的强对流天气——飑线伴有下击暴流——带来的强风暴雨袭击导致的特别重大灾难性事件。

调查报告中提到的两种天气现象——飑线和下击暴流，特别是后者，广大公众可能都是第一次听说，即便是专业气象人员，也大多只是从研究论文中略窥一二。

此次"东方之星"失事原因的确认，为下击暴流的危害敲响了警钟。

## 范围小、时间短、发展快

下击暴流与飑线及人们所熟知的龙卷风在发生时都伴有雷暴、大风、冰雹等过程，因此破坏力极强。同时，它们又都具有范围小、时间短和发展快的特点，难以被目前绝大多数国家气象观测网所捕捉到，因此成为国际上短期重大天气灾害预报中的难点之一。

第二次世界大战后，雷达的广泛应用，帮助气象学家大幅度提高了对飑线和龙卷风的发生发展的认识和预报，但伴随雷暴云出现的局部性强下沉气流——下击暴流，则是因其对民用航空安全的严重威胁而逐渐被重视的。

顾名思义,下击暴流是指强对流天气过程中冷空气快速向下宣泄的突发过程。与龙卷风大量吸取周边空气完全相反,下击暴流如同一只灌满水的气球在底部被戳破,雷暴云中大量的冷空气突然冲破云底,在下降过程中不断加速,并向四面迅速冲击蔓延,越接近地面风速越大,最大地面风力可达到每秒 50 米以上。

## 空难制造者

美国对下击暴流的监测和研究相对比较先进。据不完全统计,20 世纪七八十年代,美国民航每年平均有 25 人死于由下击暴流引发的各类航空事故,美国航空史上有 3 次死亡人数超过 100 人的空难最后也被认定为与下击暴流有关。

最著名的下击暴流事件发生在 1983 年 8 月 1 日美国首都华盛顿安德鲁斯空军基地机场跑道。仪器记录到那次下击暴流最强的风速为每秒 57 米(约为蒲氏风力 17 级),阵风峰值很可能已经超过每秒 66 米。

该事件之所以有名,是因为在最强阵风出现前 7 分钟,搭载着时任美国总统里根的"空军一号"专机刚刚降落在同一条跑道上!

进入 20 世纪 90 年代,美国一方面在全国主要机场安装了低空风切变预警系统,专门针对下击暴流等短时灾害天气进行观测预警,另一方面加大了飞行员应对风切变的驾驶能力培训,使得美国航空业受下击暴流的威胁显著降低,与之相关的空难死亡人数已经下降到零。

## 毁坏大面积森林

但是,由于下击暴流的特点,即使是在美国,由于受到各方面条件限制,雷达布设也难以做到预警所需要的时间和空间分辨率,因此,进一步提高对下击暴流的预报水平,还需假以时日。

事实上,下击暴流对其他行业的影响并不低于航空业。以美国为例,虽然龙卷风和下击暴流所带来的灾难性风灾每年都会给北美东部森林造成数千公顷的毁灭性破坏，但相比龙卷风影响很少超过几百公顷，大的下击暴流，可以对成千上万公顷森林造成影响。

　　过去 30 多年来，科学家们不断发出警告：正在发生的全球气候变化已经并将从根本上改变地球大气的原有状态。由于下击暴流、飑线和龙卷风的发生都与大气的热动力学结构有着密不可分的关系，我们有理由预期，未来发生类似下击暴流的极端天气事件的风险，将越来越大。

知道分子

20 世纪七八十年代，美国民航每年平均有 25 人死于由下击暴流引发的各类航空事故。

第 58 个故事

# 冬季奥运会去哪里开

气候越来越暖和，
能举办冬季奥运会的
地方越来越少了。

Samantha Ye

| 问题来了！ | "为什么在湿度偏大的天气比赛，短跑运动员的爆发力更强？" |
|---|---|

竞技体育运动古已有之。早期的运动往往是为战争或狩猎所做的准备和训练。古人从生产劳动和生活的自然动作中，逐渐分化、提炼出有助于发展身体技能的动作，其后，又通过宗教、艺术、战争及人类生理本能等其他社会因素，将这些动作规范化和系统化，并逐渐演化成不同场合下的竞技活动。古希腊人最先发明了竞技体育，并在公元前 776年首次举办了包括摔跤、跳远、铁饼和标枪等内容的运动会。

## 温度、湿度与成绩

随着人们生活水平的提高和科学技术在体育运动中的广泛应用，加上越来越多的商业化运作，体育活动，特别是竞技体育与天气、气候之间的关系，也引起了体育行业的高度重视。

体育医学研究发现，不同的气温条件会对运动员的植物神经系统、内分泌功能及血压等产生影响。例如，在户外开展的田径运动，径赛运动员发挥水平最适宜的气温为17 ~ 20℃，而田赛运动员发挥水平最适宜的气温通常为 20 ~ 22℃。对于室内比赛的射箭、拳击、网球、柔道、射击等项目，最适宜运动员的气温为 13 ~ 16℃，而篮球、垒球为 10 ~ 13℃。

湿度与气温相互依存，能够影响人体的热代谢和水盐代谢，其变化对参加不同运动的运动员影响也非常大。湿度偏大一些时，有利于短跑运动员产生爆发力，却不利于长跑运动员排汗，影响他们在比赛中的耐力。此外，风，包括风向、风速，对许多运动项目的影响是我们所熟知的。在短跑比赛中，还专门规定了以风速不超过 2 米 / 秒作为认定成绩的前提。

## 东亚之秋

　　为了让运动员更好地发挥水平，取得优异成绩，历史上大型国际体育赛事都出现过由于天气、气候原因而更改日期的例子。如北京在申办 2008 年夏季奥运会时，就考虑到 7 月底 8 月初的气温、降水和风力等气象条件不适宜运动员比赛，提出将北京奥运会的举办日期更改为 8 月 8 日至 24 日。气象部门通过分析北京市近 20 年的气象数据发现，这一时段北京天气比较舒爽，各种气象指数更适合运动员比赛。

　　从东亚地区的大赛历史来看，为保证比赛的适宜气候，历次中、日、韩等亚洲国家举办的重大赛事，如汉城奥运会、釜山亚运会等，都选择在 9 月、10 月进行。

## 狗拉雪橇比赛场地向北迁移

　　随着全球变暖趋势愈加明显，体育运动受气候变化的影响也成为一个新的热点问题。

　　卡塔尔夏季炎热的气候最终让国际足联做出了将 2022 年卡塔尔世界杯从以往的 6 月、7 月举办改为 11 月开幕，赛程从原来的 32 天减至 28 天的决定。2015 年 3 月，洛杉矶国际马拉松赛为避免高温，将开始时间提前，但即使这样，发令枪响时的温度也已高达创纪录的 31℃，这次赛事最终导致 30 多名选手被送进急诊室。与此同时，远在千里之外的阿拉斯加，由于当地降雪只是正常年份的三分之一，一年一度的狗拉雪橇比赛也被迫改变路线，向北移动了近 350 千米。

　　也正是由于 2014 年澳大利亚网球公开赛期间，许多运动员，包括我国选手彭帅在高达 42℃的场地温度下，出现了幻觉、呕吐和眩晕，2015 年澳大利亚网球公开赛重新制定了竞赛规则，以降低高温对运动员造成的伤害。

## 美式橄榄球运动员因中暑而死亡

　　高温对美式橄榄球运动员的风险尤其大。厚重的装备散热能力极差，如果在高温天气下进行比赛或者训练，对运动员的身体承受能力将是严峻的考验。美国一项研究发现，与前一个 15 年相比，高中橄榄球运动员由于中暑而死亡人数在 1994 年至 2009 年间增加了 2 倍。

在加拿大，1951 年至 2005 年之间平均气温上升了 2.5℃，严重威胁着许多城市室外溜冰场的经营，而户外冰球赛季也因此缩短了五分之一。据加拿大气象局预测，该国户外冰雪运动的时间在今后每 10 年将缩短 5 天，从 1972 年至 2013 年的 58 天，缩短到 2090 年的只剩 28 天。

加拿大滑铁卢大学和奥地利大学的一项最新研究表明，即使是根据最保守的气候预测，在未来几十年内，曾举办过冬季奥运会的 19 个国家中，也将有 11 个会由于全球变暖而无法再次承办。

到那时，冬季奥运会去哪里开都会成为一个恼人的问题！

知道分子

1994 年至 2009 年间，美国高中橄榄球运动员由于中暑而死亡的人数，比前一个 15 年增加了两倍。

第59个故事

# 拘留营气象报告

即使是身体失去了自由，
心还是自由的。

| 问题来了！ | "对于气象（尤其是台风）研究，香港有什么地理位置上的优势？" |
|---|---|

## 百年观测

气象科学是一门基于实际观测的实验科学。对大气活动的观测，需要的仪器设备并不多，但要研究气候变化，长时期的观测必不可少。在我国，成立于 1883 年的香港天文台是香港特区政府负责监测、预测天气，并发布与天气有关灾害警告的部门。它与 1849 年建立的北京地磁气象台、1872 年建立的上海徐家汇观象台、1896 年建立的台北测候所、1898 年建立的青岛观象台和哈尔滨测候所，以及 1912 年建立的北京中央观象台等观测业务持续百年以上的气象站，不但是中国近代气象发展历史的见证，更为国际气象界所高度重视。作为世界三大测量基准点之一的上海徐家汇观象台，其 140 年无间断的观测，为全球地表温度序列重建提供了宝贵资料。

## 香港天文台

1879 年，英国皇家学会认为香港的地理位置甚佳，是研究气象（尤其是台风）的理想地点，提出在香港设立一个气象观测台。随着香港人口逐渐增加，台风造成的破坏在当时已广受社会关注。经过详细的探讨和研究后，皇家学会的建议最终在 1882 年获接纳。1883 年夏天，首任天文台台长杜伯克博士抵港，宣告香港天文台的正式成立。香港天文台早期的工作包括根据天文观测报时、地磁观测、气象观测并向社会发布热带气旋预警。

天文台成立以来近 140 年，记录了自 1885 年以来的气温资料，分析显示 1885 年至

2015 年间的年平均气温的平均上升速度为每 10 年上升 0.12℃。在 20 世纪后半期，平均气温的升幅加剧，1986 年至 2015 年间，平均上升速度达每 10 年 0.17℃。

令人遗憾的是，因 1941 年 12 月日本入侵香港，香港天文台停止运作长达 5 年之久，错失了为当今气候变化研究提供连续基础数据的荣耀。

## 在拘留营

2013 年，在庆祝香港天文台成立 130 周年的展览中，一些在日军占领时期的特殊文物，令所有观众动容。

日军入侵香港后，香港天文台因为地理位置特殊，被日军霸占，改建为高射炮阵地，台长伊云士等几位职员则被囚禁在拘留营。在极端艰苦的条件下，这些天文台职员坚持气象人的信念，将生死置之度外，凭借人手及简单仪器，在拘留营内继续维持天气观测工作，记录雨量、气温、气压、风向和相对湿度等天气概况。

他们将这些资料记录在账簿、香烟纸、饼干桶、宣传卡片等所有能找到的纸张上，并严格按照气象观测规范，附上台长的签名。虽然这些观测资料在今天看来并没有太多科学价值，但香港天文台前辈们的这种敬业精神，值得所有从事气候变化研究的后来人敬仰和学习。

香港天文台的发展历史，对那些否认全球气候变化的科学事实、诋毁科学工作者辛勤劳动的言论，堪称最有力的回击。

## 站在前辈的肩膀上

今天，作为专门研究气候变化科学基础的部门，香港天文台一如既往地开展着气候变化研究工作，并不遗余力地推动气候变化公众教育，为公众提供全球及本地气候变化信息。

例如，根据香港天文台观测，2014 年香港不但经历了破纪录的高温天气，其 6—9 月的平均气温也是自 1884 年以来最高的。

物理基本定律告诉我们，暖空气可以承载更多水气，在高温下受热的地面也会触发更多的大雨和雷暴。而这些趋势在香港天文台的记录中也都有所反映。

在过去，1 小时雨量纪录往往需要几十年才会被打破，但这个纪录在过去二三十年屡创新高，最新纪录的变化幅度更是明显增加；与此同时，2014 年香港雷暴活动的频繁程度也是前所未有的。

在充分利用前辈历尽千辛万苦获取的资料的基础上，香港天文台发现，全球气候变化对香港夏季天气气候的影响尤著。

知道分子

建于 1872 年的上海徐家汇观象台是世界三大气象测量基准点之一，其 140 多年无间断的观测，为全球地表温度序列重建提供了宝贵资料。

# 二者必须兼得：地球与和平

2015 巴黎气候变化大会：
"各方将以'自主贡献'的方式
参与全球应对气候变化行动……"

| 问题来了！ | "在美国，反战和对地球生态环境的关注是如何结合在一起，并成为一种政治话题的？" |
| --- | --- |

## 《寂静的春天》

4 月 22 日是一年一度的世界地球日。非常有意思的是，这个作为现代环保运动标志的纪念日，却是由美国反战人士在 1970 年创立的。

1962 年，一本描述农药的大量使用对环境、特别是对鸟类的不利影响的环境科学著作《寂静的春天》在美国出版，初版就以 15 万册的销量迅速登上《纽约时报》畅销书榜。虽然该书在随后几年引发了西方社会一些有识之士对地球生态环境的关注，但对当时的美国公众而言，驾驶大排量的八缸轿车，排放黑色的含铅气体，工厂烟囱喷着黑烟仍然是经济繁荣的标志，"环境"一词也更多地出现在中学生拼写比赛而不是晚间新闻中。

更为现实的是，当年以美国为首的西方国家正在为应对全球社会主义运动浪潮而疲于奔命！

## 越战前后

第二次世界大战后到 20 世纪 50 年代中期，苏联（现已解体，俄罗斯联邦继承了苏联主要的综合国力和国际地位）在各方面取得了巨大成就，在其影响和支持下，一大批国家走上社会主义道路，逐渐形成以苏联为首的社会主义阵营。在强大国力的支持下，苏联国家主席赫鲁晓夫在许多国际争端中，试图通过步步升级的恫吓方式迫使美国让步。面对苏联的挑衅，美国总统肯尼迪认为："如果美国再从亚洲撤退，就可能打乱全世界的局势。"因此，做出了要在当时冷战中唯一发生实战的越南战场上，显示美国力量和对抗社会主义阵营的决心。

1961 年 5 月，一支美国国防军特种部队进驻越南共和国，标志着美国侵越战争的开始。到 20 世纪 60 年代末，美国在越战泥潭中已经越陷越深。国内的反战运动也从大学校园的小规模集会，发展成为全国范围的反战运动。

1969 年，在联合国教科文组织的一次会议上，著名反战人士麦康奈尔提出建议：将每年的 3 月 21 日，也就是北半球春季的第一天设立为"地球日"，以宣传地球与和平的理念。

## 政治奇迹

与此同时，在亲眼看见了 1969 年发生在加利福尼亚圣塔巴巴拉的石油泄漏后的环境惨况后，威斯康星州参议员尼尔森受到学生反战运动和麦康奈尔"地球日"建议的启发，认识到只有充分发挥公众的力量，才能将环境保护纳入到国家政治议程上。尼尔森首先通过媒体宣布了一项"全国环境宣讲日"的倡议，然后说服了其他国会议员的参与，在全美进行了广泛宣传，并最终将 4 月 22 日选为全国活动日。

1970 年 4 月 22 日，多达 2000 万的美国人走向街头、公园和剧院，向政府提出了获得一个健康、可持续生态环境的政治要求。全美数千所高校的学生们也组织起来，揭露各地石油泄漏、工厂污染、污水、有毒垃圾和农药对环境的破坏问题。

1970 年美国的首个"地球日"活动实现了一个前所未有的政治奇迹：不分政治党派，不分穷富，不分城市居民和农民，不分金融大亨和劳工领袖，全民上下一致要求拥有"清洁的空气、干净的水"的生存环境。

2009 年，第 63 届联合国大会决议将每年 4 月 22 日定为"世界地球日"。至此，这个美国国内的活动发展成为一个在 192 个国家和地区共同开展的世界性环境保护活动。

## "控制在 2℃之内"

在过去 40 多年中，气候和气候变化被多次作为"地球日"的年度活动主题。

2015 年 12 月，在法国巴黎举行的第 21 届联合国气候变化大会通过了全球气候变化新协定（简称《巴黎协定》），给出了 2020 年后全球应对气候变化行动的路线图。《巴黎协定》提出把全球平均气温较工业化前水平升高控制在 2℃之内，并为把升温控制在 1.5℃之内而努力的目标。

2016 年 4 月 22 日的"地球日"，是全球应对气候变化历史上具有特殊意义的一天。这一天，举世瞩目的《巴黎协定》在联合国总部签署，超过 170 个国家的代表在唯一一份《巴黎协定》原件上签字，标志着各国在共同应对气候变化挑战方面迈出全新一步。

"道阻且长，行则将至"——从"地球日"的创立，到《巴黎协定》的最终签署，人类也许还只迈出了一步，但这是关键性的一步。

知道分子

1970 年 4 月 22 日，多达 2000 万的美国人走向街头、公园和剧院，向政府提出了获得一个健康、可持续生态环境的政治要求，此为世界"地球日"活动之起源。

第*61*个故事

# 万能青蛙旅店

"温水煮青蛙"，
说的其实是人类自己。

Samantha Ye

| 问题来了！ | "青蛙的什么特征使它成为人类监测自然环境变化的天然哨兵？" |

　　许多人都听说过"温水煮青蛙"的俗语。它描述的是如果将一只青蛙放置在冰冷的水里，慢慢加热，它就不会察觉到死亡的危险，而被活活煮死。今天，当一些政治家谈起人们对正在发生的全球气候变化的反应时，也经常借用这个俗语。

　　虽然这个俗语的科学性值得商榷，但在现实世界中，青蛙，确实正面临着气候变化的威胁！

## 变态

　　青蛙是地球上存在历史最长、分布最广、种类最多、也最为人熟知的两栖动物。有证据表明，青蛙的生存史至少已经超过 2 亿年。除了极端寒冷的南极洲，从茂密的热带雨林到炎热的沙漠，在地球上几乎每一种生态环境中，都已发现青蛙的行踪。据不完全统计，目前发现的青蛙种类已超过 6000 种，而科学家们还在不断发现新的青蛙物种。

　　青蛙的一生有两个非常不同的形态。绝大部分青蛙是卵生动物，通过体外受精繁殖，受精卵在母体外孵化成蝌蚪。蝌蚪是青蛙的幼体阶段，头两侧具有外鳃，有呼吸功能，是纯粹的水生动物。蝌蚪发育到一定时期，先长出后肢，末端分化出 5 个趾，再从鳃盖部位长出前肢，而随着尾部逐渐萎缩，口部也有显著改变，逐渐发育成能在陆地上生活的幼小成体，就是我们通常所见到的蛙类。青蛙主要用肺呼吸，兼用皮肤呼吸。

蝌蚪经变态而发育为青蛙的过程，称为变态发育——这，可是变态的本义。

## 几乎万能的青蛙

青蛙对生态平衡和人类而言具有重要意义。首先，青蛙吃蚊子等小动物，而它又是鸟类和蛇类的食物，因此，作为食物链的中间环节，它的变化会造成连锁反应。

其次，除了是全球许多地区人类的传统食物外，近年来，许多蛙类更是被发现可以从中提取高效安全的医药成分。例如，受印第安土族提取一种热带雨林毒蛙身上的毒液麻醉猎物和敌人的启发，制药公司已经从毒蛙体液中分离出一种比吗啡的止痛能力强200倍的新型麻醉品，而且没有传统麻醉药物的成瘾性和毒副作用。

青蛙同时还是人类监测自然环境变化的天然哨兵。青蛙一生要经过水中和陆地上的两栖生活，一方面使它们对不同环境的适应能力极强，另一方面，其特有的半渗透皮肤又对环境改变极为敏感。

能吃，能入药，能平衡生态，能监测环境——几乎万能的青蛙，住在地球旅店里。

## 种群锐减

1989年，来自60个国家和地区的1400名科学家参加了在英国坎特伯雷举行的第一届两栖动物世界大会，在这次会上，青蛙种群下降问题第一次被重点关注。自此，全球科学家发现青蛙种群下降已是一个全球性问题。据评估，全世界已有超过200种青蛙物种数量大幅度下降，至少有32种已经灭绝。

造成青蛙种群下降如此之快的主要原因，除了林业、农业和道路发展对青蛙栖息地的破坏，人类排放（包括除草剂和杀虫剂的广泛使用）对河流和池塘水的污染，紫外辐射的增加，外来物种入侵，以及各类疾病的增多，大量捕食等，近年来不断加剧的全球气候变化，也是青蛙种群锐减的一个原因。

## 池塘里水少了，青蛙不见了

青蛙是冷血动物，这意味着它的繁殖时间受温度、湿度等环境因素影响极为明显。随着全球变暖，青蛙的繁殖季节发生改变，许多种类的青蛙繁殖期提前，而这导致他们在天气突然变冷时难以适应而大量死亡。

同时，一些不利的天气、气候事件增多，如降水时间、空间分布的改变，持续的干旱，都可能对青蛙生长产生非常微妙的影响，包括因免疫功能下降导致的病原体暴发和死亡率升高，以及更容易受到病毒感染，等等。在极端干旱年，池塘水位下降，青蛙胚胎更多地暴露在紫外辐射下，增加了其患传染病、水霉等疾病的概率，导致卵的死亡率增加。

因全球变暖而导致的海平面上升，对许多地区的滨海湿地都会造成影响，也将导致这些青蛙栖息地的消亡。

在科学界对全球气候变化的影响评估中，生物多样性的快速减少被列为最危险等级。而青蛙等两栖动物的快速灭绝所造成的影响，不论是对自然生态环境，还是对人类而言，都将是不可想象的灾难。

知道分子

青蛙在地球上的生存史至少已超过 2 亿年；目前发现的青蛙种类已超过 6000 种。

# "什么口粮都不能搭救我"

食物还是毒药？
好彷徨……

| 问题来了！ | "亚硝酸盐被人体摄入后会引发癌症和其他疾病。那么，哪些食物中的亚硝酸盐含量较多？" |
|---|---|

## 我们的粮食

在过去几十年中，全球气候变化对农业生产的影响，一直是科学界和各国政府高度关注的热点。大量研究表明，以全球变暖为主要特征的全球气候变化，对全球粮食生产将产生重大影响。

温度升高、降水量和降水时间的变化可以造成许多地区，特别是发展中国家作物产量大幅度下降；气候的长期变化还会导致传统农作物的营养含量降低；而各类极端天气气候事件的加剧，如暴雨导致泥石流、滑坡等地质灾害的增加，森林野火更加频繁发生，干旱在干旱和沙漠地区持续时间加长等，使得许多原本生态环境就极为脆弱的地区，更加不适合农作物的生产。

全球气候变化导致的粮食产量和农作物营养物质的减少，对养活全球不断增长的人口而言，已然是一种严峻挑战。

## 关键词一：亚硝酸盐

联合国环境规划署最新报告指出，气候变化会使许多农作物为了保护自己而变成置人死地的毒药，从而引发更多的癌症和其他类型疾病。

在自然界有氧条件下，植物体内的氨基酸和蛋白质等营养物质，是通过吸收土壤中的铵盐和硝酸盐转化而成的。但是，科学家最新发现，越来越多的极端天气气候事件的出现，包括长期干旱和高温，会导致植物为了保护自己，大幅度降低自身将硝酸盐转化成蛋白质的能力，导致硝酸盐在植物中大量积累，而这些植物，就包括人类和家畜赖以为生的玉米、小麦、大麦、大豆作物、薯类、小米和高粱。

那么，大量使用富含硝酸盐的粮食谷物，会带来什么后果呢？

硝酸盐在人体内可被还原为亚硝酸盐。而亚硝酸盐会与人体血液作用，形成高铁血红蛋白，使血液失去携氧功能，导致缺氧中毒，抢救不及时可危及生命；另外，亚硝酸盐在人体内外会与仲胺类作用形成亚硝胺类，在人体内达到一定剂量时，就会导致癌症和畸形。在蔬菜、粮食、鱼、肉制品、渍酸菜、隔夜炒菜等食物中存留的亚硝酸盐导致食用者中毒，也是同一原理。

## 关键词二：黄曲霉毒素

除了硝酸盐中毒外，另一个特别危险的毒素是由曲霉真菌产生的黄曲霉毒素。人如果长期暴露在黄曲霉环境下，可导致癌症，而急性暴露甚至可导致死亡。

观测发现，由于气温升高，在热带和亚热带地区作物中的黄曲霉毒素和霉菌大量增加，肝损伤、癌症和失明病例在长期食用这些作物的当地人中显著增多，还出现了由此导致的畸形胎儿。联合国环境规划署认为，目前全球约有 45 亿人暴露在黄曲霉毒素的威胁下。2004 年肯尼亚暴发了严重的黄曲霉毒素中毒，中毒人数超过 300 人，最终导致 100 多人死亡。

科学家目前已经在小麦、玉米和大麦等谷物中发现了真菌毒素。据估计，世界各地至少 25% 的谷物存在霉菌毒素。

随着中高纬地区温度持续升高、不规律的降雨增多，原本主要发生在热带地区的霉菌毒素也已开始对温带地区产生威胁。例如，塞尔维亚科学家研究发现，2012 年持续干旱导致本国玉米出现大范围的黄曲霉毒素暴发，而塞尔维亚的气候通常并不适宜黄曲霉毒素的生长。科学家估计，如果温度上升 2℃，黄曲霉毒素将可能成为欧洲主要的食品安全问题。

## 关键词三：氰化物

更令科学家吃惊的是，当一些耐旱作物突然接收到大量雨水、快速生长，其自身所含的氰化氢会来不及转化为对人畜有益的营养物，如果食用，就会发生中毒。

据报道，肯尼亚就发生过两个孩子吃了极端降雨后采摘的木薯而发生氢氰酸中毒死亡的案例。

面对不断加剧的气候变化对农作物产量、品质和毒性的影响，除了培育那些耐旱、抗病的农作物，科学家又有了一个刻不容缓的任务：要培育能够抵抗霉菌毒素和其他有毒化学物质的新物种。

"什么口粮也不能搭救我，幸运的是，这可是一次真正没有尽头的旅程啊。"——大约 100 年前，卡夫卡在一个棕色笔记本上随手写下的这句话，今天读来，却引人深思。

如果大地上的粮食都成了穿肠毒药，那么还有什么，可以搭救这世上的人们？

知道分子

长期干旱和高温会导致植物为了保护自己，大幅度降低自身将硝酸盐转化成蛋白质的能力，导致硝酸盐在植物中大量积累。

第63个故事

# 知　土

"恢复土壤健康，
让我们开始工作吧！"

| 问题来了！ | "现代农业的哪些做法增加了土壤的温室气体排放？" |

## 1 克土壤中有什么

对于大多数人而言，虽然一生中绝大部分时间都是在土地上生活，但要说出脚下的土壤给人带来哪些好处，却是一件难事。当我们随时都听到有关气候变化、水和空气污染的新闻时，对于土壤面临危机的讨论却少之又少。

事实上，我们的健康生活，不但离不开干净的水和空气，也离不开"健康"的土壤。

科学家在 1 克土壤中，就发现有 1 亿 ~ 30 亿个分属于 1 万 ~ 5 万个不同物种的微生物。除了为农作物和地球上所有植物提供最基本的生存要素外，土壤就像是地球的肺和肾脏，对其他资源的安全和健康而言，也是至关重要的：

生长在良好土壤环境中的植物，给人类生存提供必需的氧气；自然界的水通过健康土壤的过滤，可以去除许多引发人类疾病的微生物；健康的土壤更为从哺乳动物到爬行动物、从昆虫到微生物的整个生物链提供了基本的活动平台。

## 土壤病了

就在地面上的生物多样性快速下降，动物种类加速灭绝的同时，我们脚下的许多土壤也正进入"濒危"行列。对土壤无节制地使用，包括不合理的耕作方法、滥用化肥和农药、落后的灌溉方式等，已经使包括我国在内的许多发展中国家的大部分土壤出现氮和磷的严重失衡，并导致土壤内生物多样性的快速降低。

更令人担忧的是，自然界中的土壤本身就是一个运转完好的生态系统，当它受到一些自然因素，包括洪涝、干旱、寒冬、雨雪、强风、地质活动等的影响后，经过一段时间，都可以得到恢复和进化。而人类活动对土壤的侵扰却往往超出了土壤自身恢复的临界点，所造成的影响大多是不可逆转的。

## 现代农业之弊

土壤是地球二氧化碳循环过程中的重要一环，它一方面通过自身所富含的微生物分解死亡的植物和动物，为新的植物提供生长所需的营养，在此过程中，释放温室气体如二氧化碳和甲烷，导致全球变暖；另一方面，土壤又可以吸收这些气体，把它们固化到植物中，起到保护地球、减缓气候变暖的作用。

因此，如何发挥土壤在减少农业温室气体排放方面的作用，就成为科学家研究的重点。

今天地球大气中三分之一的碳原来是在土壤中。现代农业虽然能让农民更快地种植庄稼，生产更多的农产品，但是化学品的过度使用、过度耕种和重型机械的使用，破坏了土壤的有机质，释放出的碳分子在空气中与氧结合，产生二氧化碳；同时，机械化深耕为土壤提供了更多的氧气，促进了微生物的生长，增加了有机物质转化为二氧化碳的能力，于是向大气中释放更多的碳。

欧洲一些科学家在积极探索调节农业耕作制度，包括采用新的耕作方式、大幅降低化肥和农药的使用、对不同作物进行精准浇灌等，寻找有效提高农田碳汇能力的宏观机制。另外一些科学家则从研究土壤中最小的微生物的相互作用入手，探索改善土壤的生物多样性。

## 新思路：微生物互动

为了解和解释土壤中碳的吸收和储存过程，研究人员针对土壤中微生物的相互作用建立了一个理论模型。利用这个模型，他们发现，一些依靠周围微生物产生的酶消化植物的微生物具有调节分解速度、增加土壤中微生物数量的能力。

　　通过研究土壤中最小尺度上的生物过程，科学家解释了为什么在土壤中会出现碳和其他营养物相对集中的区域，而这也为改善土壤碳吸收和储存能力提供了新思路，即提高土壤微生物个体之间的互动能力。

　　依据科学家的研究成果，美国一些农户相应改变了他们的种植方式。他们在蔬菜田里尽可能地种植燕麦、黑麦和豆类等，减少土地裸露，最大限度保持了土壤中的碳、氮和其他有机营养物。

　　可以预见，类似这样的新型"低碳农业"，对恢复土壤健康将大有裨益。

知道分子

1克土壤中含有1亿～30亿个分属于1万～5万个不同物种的微生物。

第 *64* 个故事

# 世界尽头：涅涅茨人、驯鹿与坑

在天寒地冻的世界尽头，
现在到处都是坑。

| 问题来了！ | "如果温度继续增高，北极地区会变成什么样子？" |

2016 年的夏天，在临近亚马尔半岛海岸线的偏远小岛别雷岛（位于喀拉海中）上，由俄罗斯和挪威科学家组成的一支科学探险队正在向目的地徒步行进。他们此行的一个重要任务，是要对当地驯鹿牧民发现亚马尔半岛永久冻土层上突然出现许多深坑的原因进行考察。

## 突然出现的坑

亚马尔半岛位于俄罗斯西伯利亚西北部，是一个被当地人称为"世界尽头"的地方。该半岛三面临海，总面积达 12.2 万平方千米，是我国山东半岛面积的 4 倍。半岛地表平坦，最高点海拔 90 米。南缘为森林苔原带，中部为苔原、草地与灌丛，北部属苔原带。半岛长达 8 个月的冬季极为寒冷，气温常常低至 –50℃，永冻层覆盖了全半岛。

1000 多年来，居住在半岛的居民主要是以饲养驯鹿和渔猎业为生的涅涅茨人。涅涅茨人是一个游牧部族，至今还保留着在亚马尔半岛上往来迁徙驯鹿的传统生活。2013 年，当地驯鹿牧民在一年一度的季节转场途中，突然发现在他们熟悉的道路中间出现了一个大坑。所幸的是，牧民们和他们的驯鹿及时看到了这个坑，才没有导致伤亡。诡异的是，自从这个坑出现后，在接下来一年半时间内，它几乎扩张了 15 倍。

## 导弹？外星人？

接到牧民报告后，科学家们立即对亚马尔半岛进行了调查。令他们感到震惊的是，调查结果发现，在这片永久冻土层上出现的，不是一个坑，而是许多大小不一的坑！

与许多奇怪现象被发现之初一样，科学家和公众一开始都对亚马尔半岛这个被称为"世界尽头"的荒寒之地为何突然出现如此多坑的原因，做了多种猜测，其中不乏一些奇谈怪论。例如，有人认为这些坑是俄罗斯试射新型导弹造成的；也有人认为这是外星人造访人类的新证据。这些猜测看上去也有些道理，特别是当最近一个坑形成之时，人们在 100 千米外都听到了巨响，伴随着爆炸声还能看到天空中出现的闪光。

对亚马尔半岛深坑进一步的科学考察发现，全球变暖可能是造成这一现象的主要原因。

亚马尔半岛沿海大部分是低平的沙岸，由于海相和冰川沉积物的影响，地貌复杂，冻土层下蕴藏着大量天然气。

近些年，整个北极地区变暖速度是全球平均水平的 2 倍，直接导致冻土层中冰的快速融化，改变了冻土层的内部压力，存在于冰丘缝隙中的天然气最终从地下喷发出来，引发地表爆裂，形成了人们所见的深坑。

## "草原蹦床"

回到本文开始提到的俄罗斯和挪威科学探险队，科学家们在向深坑考察目标行进途中发现，脚下原本坚实的草原有时会突然出现弹性，就像走上了蹦床一样。当他们将这些"草原蹦床"戳破时，从中释放出的气体，经测定确认是甲烷和二氧化碳。

早在 2010 年，科学家就指出，西伯利亚北极大陆架遍布永久冻土层，其中富含甲烷，而甲烷的温室效应超过二氧化碳的 25 倍，冻土融化所释放的甲烷未经氧化便直接逃逸至大气层中，可能是近些年全球变暖增速的一个主要原因。

草原蹦床现象证实了近几年北极地区异常高温导致永久冻土迅速消融，释放出巨量的温室气体，而这些温室气体又反过来加剧了升温的科学推测。

## 利益与威胁

据估计，北极地区蕴含有全球未开采的 30% 的天然气及 13% 的石油。近年来，随着全球变暖速率增快，幅度增加，北极圈海冰范围逐年缩小，北极地区航路开拓和资源开发已成为新的国际经济和政治热点。

科学家估计，北极圈永久冻土中和海底含有上千亿吨甲烷。以西伯利亚为例，其北极大陆架遍布的永久冻土层中富含甲烷，仅东西伯利亚海海底冻土融化所释放的甲烷，就可达 500 亿吨。如果任由这些甲烷排出，将使全球变暖趋势进一步恶化，对世界经济造成巨大损失。

更多、更严峻且前所未有的灾害正向我们逼近，人类应对气候变化的行动脚步必须加快、加快、再加快！

知道分子

近些年，整个北极地区变暖速度是全球平均水平的 2 倍。

第 *65* 个故事

## "彼之砒霜，吾之蜜糖"

*"你不要的东西，*
*我都有用。"*

Samantha Ye

| 问题来了！ | "GPS 掩星观测气候的原理是什么？" |
| --- | --- |

## 24 颗卫星搞"定"全球

在我们今天的日常生活中，全球定位系统（GPS）已经是一种必不可少的工具。全球定位系统是由一组在固定高度上绕地球轨道运行的卫星组成，通过向地面上发射标有时间和地理信息的电子信号，让任何拥有 GPS 接收机的用户可以连续精确地确定自己的三维位置和运行速度。

1957 年，当苏联成功发射人造卫星后，美国军事部门敏锐地认识到卫星在军事和情报中的巨大潜在作用，在 1958 年至 1994 年期间开发研制并最终完成了由 24 颗卫星（其中 21 颗为工作卫星，3 颗为备用卫星）组成的全球定位系统。全球定位系统的卫星布局，保证了今天我们在全球任何地点、任何时刻，至少可以通过接收 4 颗卫星的信号，以迅速确定自己的位置及海拔高度。

但是，大多数使用者很少会考虑到，GPS 的使用会受到许多复杂因素，如太阳辐射、地球表面的弯曲等的影响。而最重要的误差，来源于卫星发射信号到地面接收器全程中所无法避免的地球大气。

## 变废为宝

虽然 GPS 通过使用几个不同的频率方式，可以消除地球大气层的上层部分——电离层的影响，但大气层的下层部分——对流层中的水汽对卫星信号的影响也很大。

有趣的是，当 GPS 工程技术人员为了矫正大气水汽对 GPS 准确定位的影响而绞尽脑汁时，气象学家却看到这些误差的潜在价值，并发明了无线电掩星技术（掩星是一种天文现象，指一个天体在另一个天体与观测者之间通过而产生的遮蔽现象）。

我们都知道，无线电信号在真空中是沿直线传播的。当 GPS 卫星信号途经地球电离层和中性大气层时，受电离层电子密度分布和大气介质（包括水汽）折射率的影响，信号的传播路径会发生不同程度的弯曲。

科学家利用这一现象，在较低的轨道安放 GPS 信号接收卫星（简称 LEO），并根据不同频率的信号振幅和相位因大气的吸收和折射而变化，从而传播延迟量也不同的特点，通过适当的采样间隔，记录下信号的延迟量与振幅，再由传输装置发送至地面遥控站。

资料处理中心根据延迟与振幅测量和由地面监测网提供的 LEO 与 GPS 卫星的星历，就可以计算出掩星剖面上大气的折射率、温度、气压和水汽等参数的分布情况。这使得在卫星定位中原本作为噪声遭到抛弃的信息，成为对数值天气预报模式，特别是临近预报（0 ～ 2 小时的天气预报）极为有用的观测信息。

恰似那句俗话——"彼之砒霜，吾之蜜糖"。

## 长期监测地球大气

全球气候变化对人类未来的生存发展影响极大，要了解气候变化的原因和变化过程，对地球大气进行长期监测是十分重要和必需的。但是，现有的气象观测仪器主要是为短期气象观测设计的，不适合进行长期气候监测。而 GPS 无线电掩星技术能够提供精确、稳定和高垂直分辨率的全球大气温度廓线，因而被科学家认为是一种监测全球气候变化的十分理想的方法。

首先，一个 LEO 每天能够提供 500 个全球分布的掩星剖面，这一观测密度超过南半球无线电探空网的 2 倍，为全球观测系统提供了高空间分辨率的资料。其次，我们都知道，水汽对于地球气候具有重要的影响。大气中的水汽在从低纬度地区到高纬度地区流动的过程中重新分配所吸收的太阳能，使地球的平均气温保持在适宜人类居住的 15℃，而不是 −18℃。而 GPS 掩星观测所具有的高垂直分辨率，为探测全球对流层中层和低层水汽提供了较好的水汽数据。最后，在干空气条件下，GPS 掩星观测可以得到极高精度的温度分布数据，从而为科学家提供覆盖全球、长期稳定一致的数据记录。

## 广阔的延展空间

总体而言，GPS 掩星观测的气候记录质量，已经符合一个全球气候变化监测系统的基本要求。

除了提供丰富的高质量水汽资料，科学家还利用 GPS 掩星观测，密切关注对全球气候变化有重大影响的空间天气变化，通过分析地球大气电离层和太阳辐射变化，寻找影响全球气候异常的驱动力。

目前，这一技术又有了更为广阔的延展空间：科学家正积极研究，如何将它用到对地球土壤水分的观测上，通过测量反射信号，计算土壤水分和积雪深度，最终开发出实时的三维湿度场。

知道分子

1958 年至 1994 年，美国军事部门开发研制了由 24 颗卫星组成的全球定位系统。这一系统保证了今天我们在全球任何地点、任何时刻，都可以迅速确定自己的位置及海拔高度。

第 *66* 个故事
# 棕榈果的"正确之路"

要棕榈园,
还是泥炭地?
——印度尼西亚政府面临的一个矛盾。

Samantha Ye

| 问题来了！ | "印度尼西亚的热带雨林被砍伐后，泥炭沼泽生态环境会发生什么变化？" |

## "世界三大植物油"之一

拥有超过5000年的食用历史，与大豆油、菜籽油并称为"世界三大植物油"的棕榈油，是目前世界上生产量、消费量和国际贸易量最大的植物油品种。传统概念的棕榈油是由油棕树上的棕榈果压榨而成。油棕树原产非洲西部，但它的生长适应范围却非常之广，目前，已大量生长于亚洲、北美洲和南美洲等许多国家。

棕榈油经过精炼分提，可以得到不同熔点的产品，在包括快餐、烘焙食品、糖果的饮食行业以及洗发水、化妆品、清洁剂、洗涤剂、牙膏等油脂化工业拥有广泛用途。此外，为了减缓燃烧化石燃料所引发的全球气候变化，棕榈油也被巴西、印度尼西亚和马来西亚等国家生产为生物质柴油，以替代石油。

2004年，棕榈油总用量首次超过了世界上主要食用油——豆油，2013年更是达到5500万吨，占全球植物油产量的30%。

## 不含反式脂肪

棕榈油被称为饱和油脂，虽然它含有50%的饱和脂肪，但经过许多专家针对不同人种（欧洲、美洲、亚洲）分别进行的实验发现，棕榈油是一种完全符合人体健康需要的食用植物油，食用棕榈油有降低胆固醇的作用。

2006年，针对快餐业大量使用的植物油，美国食品与药品管理局对其中所含有的反式脂肪可能增加心脏病的风险提出了预警。由于棕榈油等热带植物油不含反式脂肪，再加上一档著名电视医疗节目的宣传，短短几年里，棕榈油在美国的消费增长了6倍。

随着我国经济的快速发展，人民生活水平的大幅度提高，中国已经成为全球第一大棕榈油进口国，消费量从2000年的141万吨猛增到近年来每年约600万吨。

## 牺牲

油棕是世界上产量最高的产油植物，每公顷油棕最多可生产大约5吨油脂，比同面积的花生高出5倍，比大豆高出近10倍。由于棕榈油具有上述难以替代的特点，近年来全球油棕树种植面积呈直线上升趋势。

亚洲地区的油棕树种植面积自1994年首次超过西非以来，种植面积迅速增加。目前油棕树种植面积居世界前4位的国家分别是马来西亚、印度尼西亚、尼日利亚和泰国。其中，尤以印度尼西亚的种植规模扩张最为明显。

但是，与非洲和南美洲不同的是，印度尼西亚油棕树种植面积的扩大，是以牺牲独特的热带泥炭生态系统为代价的。

## 泥炭地

泥炭，又称黑土、草炭，是古代低温湿地的植物遗体，被埋在地下，经数千万年的堆积，在气温较低、雨水较少或缺少空气的条件下，缓慢分解而形成的特殊有机物，多呈棕黄色或浅褐色。印度尼西亚拥有全球面积最大的热带泥炭沼泽地，大部分位于沿海地区，许多地区泥炭深度达10米以上。

泥炭地在全球气候变化中占据着举足轻重的地位。虽然泥炭沼泽生态系统仅占不足6%的全球陆地面积，但由于泥炭是植被死亡和腐烂后堆积起来所形成的，因此其储存的碳量巨大，占全球陆地碳库的三分之一，相当于大气中碳含量的75%。

在不到20年间，为发展棕榈种植园，印度尼西亚所砍伐的泥炭地热带雨林面积已经是巴西的两倍。森林砍伐不但使热带珍稀物种快速灭绝，还引发火灾、气候变化和当地土著人权等问题。印度尼西亚也从一个全球碳汇国家，迅速成为全球重要的二氧化碳排放源。

## "正确之路"

鉴于棕榈油生产过程带来的负面生态影响，一些国际环保组织号召全球消费者抵制使用棕榈油。但从全球生产经济成本和消费需求看，单纯抵制使用棕榈油，并不是一种科学和理智的行为。

目前，还没有任何植物能替代棕榈树的高单位面积产油量，以满足全球食用油不断增长的需求。但是，科学家也指出，棕榈果亩产量自 1975 年以来一直停滞不前，而在同一时间，大豆的生产率提高了近一倍。

棕榈果是好果子。但是，对急功近利的人来说，靠牺牲地球上珍贵的泥炭沼泽生态环境来获得它，最终却不会有"好果子"吃。

在正确的地方种植正确的种子，在正确的时间使用正确的肥料，努力提高棕榈果亩产量——这，才是棕榈果的"正确之路"。

而如何构建一个对发展中国家更公平，同时维系地球自然系统可持续发展的世界，也成为一个紧迫的问题，摆在我们面前。

知道分子

印度尼西亚拥有全球面积最大的热带泥炭沼泽地，大部分位于沿海地区，许多地区泥炭深度达 10 米以上。

第 *67* 个故事

# 土豆与荒年

*如果土豆能说话……*

| 问题来了！ | "为什么土豆会深受爱尔兰穷人的喜爱？" |
|---|---|

## "营养之王"

土豆，学名马铃薯，是全球排名小麦、玉米、水稻之后的第四大农作物。作为一种粮菜兼用型的蔬菜，土豆所含的营养素非常全面，是当之无愧的营养之王，被全世界公认为"十全十美"的营养食品，在欧美享有"第二面包"称号。作为美国饮食文化的象征，美式炸薯条、炸薯片更是风靡全球。

土豆含有丰富的维生素 A 和维生素 C，其所含维生素是胡萝卜、大白菜、西红柿等常见蔬菜的数倍，维生素 C 含量更是蔬菜之最；土豆中所含的矿物质、优质淀粉和大量木质素，易被人体消化吸收；同时，它只含有 0.1% 的脂肪，让现代年轻女性不用担心吃了会发胖。

然而，你可能想不到，在历史上，土豆也曾是引发人类灾难的导火索——发生在 19 世纪 40 年代的爱尔兰史无前例的大饥荒，就是由于土豆大面积持续性歉收所致。

## 爱尔兰穷人的主食

千百年来，爱尔兰是传统的农业区，畜牧业一直是该地区的主导产业，农民以饲养牲畜和种植谷物为生。随着人口逐渐增长，获得新的食物来源的需求变得极为迫切。土豆传入爱尔兰后，经过人工培育，适应了当地的气候和土壤条件，加上产量高、营养价值高，深受大多数爱尔兰人尤其是穷人的喜欢。随着种植面积的迅速扩大，土豆种植也取代畜牧业成为爱尔兰的经济核心，土豆更成为大多数下层爱尔兰人赖以生存的主食。

据 18 世纪著名的旅行家兼经济学家杨格估计，在 18 世纪 70 年代的爱尔兰，土豆的平均产量约为每英亩 6.5 吨，而爱尔兰人均每日土豆消耗量大约是 2.3 千克，占底层人口数量三分之一的成年男子消耗量更是高达 5 千克。相比法国同期人均土豆消耗量 165 克、挪威 540 克、荷兰 800 克，爱尔兰人对土豆的依赖性最高。

这种相对单一的食品来源，为爱尔兰大饥荒的发生埋下了隐患。

## 黑霉病反复来袭

1845 年秋天，土豆黑霉病在爱尔兰大暴发，导致该年产量损失了三分之一；1846 年则是全面绝收。虽然 1847 年土豆种植受损程度有所减轻，但在接下来的 1848 年，黑霉病又使大部分收成化为泡影。

黑霉病的反复袭击，再加上执政者错误的农业和救灾政策，最终在爱尔兰演化为一场严重饥荒。1845 年至 1851 年，大饥荒发生的短短 5 年时间内，由于大量人口死于饥饿和疾病，再加上大量人口移民国外，爱尔兰总人口从接近 850 万降至 650 多万，净减少 200 万。一百多年后，这次大饥荒的影响依然存在：直到今天，爱尔兰的人口也没再恢复到大饥荒前的水平。

土豆黑霉病只是植物病害的一种。在人类历史上，由于对植物病原缺乏了解，植物病害曾引发过数不胜数的类似爱尔兰大饥荒的灾难。当今日益加剧的全球气候变化，又给土豆的生产带来难以预测的风险。

## 新的风险

土豆的生长期需水少，更适宜于在小麦、水稻等谷物类作物生长发育困难的干旱、半干旱地区种植；种植土豆还能减少水土流失，有效缓解农业生产的资源环境压力；再加上土豆本身的高营养价值，以及西方饮食文化在全球的传播，这些都促使土豆在全球的种植面积呈上升趋势。

农业、生态和生物学家的共同研究表明，全球气候变化所导致的生态环境变化，如果仅从气候条件上看，可能有利于土豆生长；但气候的改变，也可能同时为包括土豆黑霉病在内的植物病害提供良好的生长环境，导致一些原来出现在土豆生长后期的疫病提早出现，一些害虫（如蚜虫、线虫和科罗拉多甲壳虫等）的影响区域扩大、出现周期缩短。染病后的土豆产量大幅降低、品质下降，甚至会产生毒素而无法食用。为了防治病害，人们又不得不使用大量农药，造成环境污染等次生灾害。

土豆——这大自然赐予人类的救荒本草，仿佛在给我们敲警钟：爱尔兰大饥荒不能重演。

知道分子

1845 年至 1851 年的短短 5 年间，一场因土豆黑霉病带来的大饥荒，导致爱尔兰总人口从接近 850 万降至 650 多万，净减少 200 万。

第 *68* 个故事

# 海 印

对于海洋来说，
盐度是一个至关重要的问题。

| 问题来了！ | "'雪龙'号科考船为什么要选择在南纬45度附近的西风带边缘，对当地海水的温度和盐度进行测量？" |
|---|---|

## 我们身体里的海洋印记

盐是我们生活中最常见又不可或缺的生活必需品。当人体因某种疾病而大量失水，或出血过多时，医生的首要任务就是给患者静脉中注射生理盐水。在高强度体力劳动和马拉松等竞技体育中，如果不能及时补充"海水"，就可能因出汗过多导致失水失钠，危及生命安全。

据科学测定，海水和人血中溶解的化学元素的相对含量惊人地接近！在海水中，氯为55.0%，钠为30.6%，氧为5.6%，钾为1.1%，钙为1.2%，其他元素为6.5%；而在人血中，氯为49.3%，钠为30.0%，氧为9.9%，钾为1.8%，钙为0.8%，其他元素为8.2%。这一结果不是偶然的巧合，而是人身上的海洋印记，是人类来自海洋的最好佐证。

事实上，盐对包括人类在内的地球生物的生存和健康都是至关重要的。原始生命首先是在海洋中诞生，随着地质和气候环境的变化，海洋中的生物逐渐向陆地迁移，其体内留下了从海洋起源的印记，并一代代传继。

## 海水密度由什么决定

除了生物离不开盐，地球气候系统的变化也与盐密切相关。据新华社报道，2016年11月，当搭载中国第33次南极科考队的"雪龙"号科考船航行至南纬45度附近的西风带边缘时，科考队员专门对当地的海水温度和盐度进行了测量。对海水温度进行观测是我们所熟知的科研活动，那么，科学家为什么要测量海水盐度呢？

　　我们知道，海水盐度与温度一样，都是影响海水流动最基本的变量，是研究海洋运动过程中的混合、湍流、涡流等各种现象必不可少的指标。海水盐度与温度共同决定了海水密度，而热带高盐度（即高密度）的海水向高纬度地区低盐度（即低密度）地区流动，将热带地区所接受的盈余太阳热量输送到寒冷的两极，保证了全球的能量平衡。

## 大西洋副热带地区海水变咸

　　由于海洋所拥有的巨大热容量，海水温度和盐度的异常会引发许多极端天气、气候事件。例如，海洋和气候学界称为厄尔尼诺和拉尼娜的气候事件，就是由发生在赤道东太平洋的海温异常所引发的。而海洋盐度的变化，对地球气候造成的影响更为剧烈和深刻。

　　好莱坞灾难片《后天》描述了全球在短短几天内进入冰期的景象，虽属艺术虚构，但影片所依据的，就是当全球变暖造成两极冰川融化，大量淡水涌入海洋，使得海水盐度降低，海洋洋流循环中断，低纬度热量无法传输到高纬度，最终导致冰期发生的科学推断。

　　另外，表层海水的含盐量制约和调节着降水和蒸发过程，进而影响着全球水循环过程。科学家测量发现，在过去 50 年间，大西洋副热带地区的海水正在逐渐变咸，盐度大约增加了不到 1%。这听起来是一个非常小的变化，但如果考虑到全球海洋的总盐量基本不变，1% 的变化就意味着有大量的淡水从海洋中蒸发出来。

　　经分析发现，出现这一情况，是由于全球变暖导致地球总的降水格局发生了变化。副热带地区温度的不断升高，造成蒸发量增加，这些水汽在大气运动下被输送到高纬地区，并由信风经中美洲输送到太平洋，导致太平洋地区降水增加，这一过程，最终造成大西洋盐度的增加。

## 海空覆盖

　　人类对海洋盐度的观测史已有一百多年。但在有卫星观测以前，大部分测量都是由船舶（如我国的"雪龙"号科考船）完成的，受船舶航行能力的限制，全球大约四分之一的海域还没有盐度观测资料。2010年，美国首次发射了能覆盖全球海洋，每7天重复一次的海洋观测卫星，为研究全球海洋盐度的空间分布和实时变化提供了第一手资料。

虽然有了高精度的卫星观测，但包括我国南极科考在内的海洋综合科学考察仍有着重要作用。这是因为，首先，科考中实际采集的样本，可以对卫星资料的准确性进行验证；其次，海洋综合科考是对多个海域进行的，包括海洋、气象、海冰（雪）、海洋生物、海洋化学、海洋地质与地球物理等多学科的综合观测，这是单一卫星难以做到的。

"我想我是海，宁静的深海，不是谁都明白。"——每个人的身体里都藏着一片海。无论过去多久，在意识深处，他们也还记得自己来源于浩瀚的海洋。而对于海洋的认识，不会有尽头，却永远值得我们去求索。

知道分子

在过去50年间，大西洋副热带地区的海水正在逐渐变咸，虽然盐度只增加了不到1%，但这意味着有大量淡水从海洋中蒸发了出来。

第 *69* 个故事

# 给阿尔卑斯山冰川盖床"毯子"

这得是多大的
一床"被子"啊!

Samantha Ye

| 问题来了！ | "给夏天的阿尔卑斯山冰川盖床'毯子'——这个办法在实际操作中会出现什么问题？" |

## 欧洲心脏地带

阿尔卑斯山山脉西起法国东南部的尼斯，经瑞士、德国南部、意大利北部，东到维也纳盆地，呈弧形贯穿了法国、瑞士、德国、意大利、奥地利和斯洛文尼亚等国家，其广阔的低地、幽深的山谷和高耸入云的山峰，构成了欧洲自然景观的主要特征。从许多电视宣传片上看，阿尔卑斯山人烟稀少、自然景观美不胜收，但实际上，地处欧洲心脏地带，阿尔卑斯地区被人类开发利用已有数百年的历史了。

时至今日，在阿尔卑斯地区近20万平方千米的范围，仅有17%的面积作为国家公园被保护起来。

而在大多数高山峡谷中，你可以发现那些极为有限的可用空间，被高度集中开发：工厂、火车轨道、酒店、民居、教堂、滑雪索道、农场、停车场、贮木场、商店、餐馆和精品店……而这一切又被密布其间的混凝土道路交错连接在一起。

同时，地域内大约1400万的总人口，其中的三分之二，居住在人口密度接近我国台湾省的城市地区。

## "水塔"

得天独厚的地形差异性，为阿尔卑斯地区提供了丰富多变的立体气候，充沛的降水让阿尔卑斯地区成为欧洲"水塔"，经多年开发，一方面为欧洲社会经济发展提供了大量可再生清洁能源，另一方面更成为享誉全球的冬季滑雪胜地。据统计，仅高山滑雪一项所涉及的旅游业和相关服务业的从业人员，就达到数百万人之众。

因此，无论从文化、历史还是经济层面，阿尔卑斯山的生态环境，对欧洲社会的生存和发展都至为重要。在此前提下，气候变化对阿尔卑斯地区的影响，也就有了"牵一发而动全身"的作用。

事实上，阿尔卑斯地区极端降水事件和相关灾害频发，其冰雪覆盖面积的变化，以及由于险峻地形经常引发的雪崩、山洪和泥石流等现象，早已为欧洲科学界高度关注。

## 冰川缩小一半

阿尔卑斯地区的气候观测网密度和气候参数观测时间序列的长度，在全球首屈一指。这些丰富的观测资料，特别是阿尔卑斯地区的冰川资料，已成为国际科学界研究全球变暖现象的最确凿证据。

科学家发现，在过去一个多世纪，阿尔卑斯地区温度上升了近2℃，是全球平均水平的两倍。与此同时，在最近几十年里，阿尔卑斯山许多冰川已缩小了一半。

全球变暖的进一步加剧，还将在该地区加强所谓的"反馈效应"——

由于冰川像一面镜子，能反射太阳辐射，当冰川面积减小，相当于反射镜的表面积减小，对来自太阳的辐射反射的量也相应减少，而更多的太阳能量将使我们的地球更热。

科学家预测，未来40年内，阿尔卑斯地区温度还将进一步提高2℃，并且到21世纪末，除了少数例外，阿尔卑斯山的所有冰川都可能消失。对阿尔卑斯山这样的地形和地质结构，冰川消失的直接后果就是，当暴雨等极端降水事件发生时，会产生更多的岩石坠落、滑坡和泥石流。

## 夏天，白色材料，覆盖

如同全球其他地区一样，阿尔卑斯地区并非气候变化的无辜受害者，该地区人类活动的不断加强，是导致目前气候变化问题的驱动力之一。统计数据表明，该地区人均能源消费量比欧洲平均水平高 10% 左右。该地区的高人口密度，使得私人家庭成为最大的能源消费者，其中，供热占了能源消费的最大份额。

目前，一些滑雪胜地的业主正在与科学家合作，探寻减缓冰川快速消失的工程技术。其中一个方法，与老北京夏天的冰棍车用棉被保温类似：在冰川上铺上巨大的白色材料，以保持它在夏天时的低温。

为此，奥地利因斯布鲁克大学学生研究团队对各种覆盖材料进行了研究，发现确实有些材料能起到保护冰川的作用。不过，从经济成本和技术可行性角度看，将这些在小范围内试验有效的材料应用到整个山脉，似乎还有些不靠谱。

而更多威胁还在接踵而至。例如：人口的不断增加导致城市中心持续扩张，威胁到那些仅存的自然环境；因为利益驱动，将物种丰富的高山牧场转换成大量施肥的"绿色沙漠"；在山谷中快速兴建的公路和铁路网络，造成生物栖息地的破碎化，等等。

如何保住阿尔卑斯山？这个问题，像是另一座阿尔卑斯山，横亘在人们面前。

知道分子

在过去一个多世纪，阿尔卑斯地区的温度上升了近 2℃，是全球平均水平的两倍。

第 *70* 个故事

# 摇摆吧，地球

有很多种因素
导致地球一直在摇摆
——虽然你很难感受得到。

Samantha YC

| 问题来了！ | "如果澳大利亚一直像现在这样向北移动，很多年后，会不会移到北半球？" |
|---|---|

1910 年，德国气象学家、地球物理学家、天文学家魏格纳提出"大陆漂移说"，1912 年，此说法得到证实。然而，一百多年过去了，对我们大多数人而言，还是难以在日常生活中感受到脚下大地的漂移。

但是，随着科技的进步，大陆——特别是"漂浮"在大洋中的陆地——的漂移，已经开始被居住在那些地区的人们，通过某种方式直接体验到。

## 辛苦了，移动的澳大利亚

据美国《国家地理》杂志报道，与北美板块每年移动 15 ~ 25 毫米、亚欧板块每年移动 7 ~ 14 毫米、印度洋板块每年移动 26 ~ 36 毫米相比，澳大利亚向北的移动速度达到了每年 62 ~ 70 毫米。与 1994 年的全球定位系统（GPS）坐标相比，澳大利亚已经移动了约 1.5 米。

由于 GPS 坐标是不变的，澳大利亚就必须调整自己的地心基准坐标和更新自己的经纬度，以确保与真实位置吻合。在过去 50 年里，澳大利亚已经 4 次更新本国地图的坐标，以抵消板块漂移的影响。2017 年，澳大利亚再次调整经纬度坐标 1.5 米，以避免类似无人驾驶汽车由于 GPS 坐标误差导致的事故。

## "跳动的舞者"

事实上，除了地球上各个大陆板块在不断运动，地球本身更是一个"跳动的舞者"。长期以来，记录、找寻和理解地球舞动所跟随的那支"舞曲"，一直是天文学家、地球物理学家的重要工作之一。而随着气候变化研究的不断深入，气候学家也加入到这项工作中。

地球以地轴为中心的自转和围绕太阳的公转，是我们每天都在感受的"地球舞蹈"的主节拍。由于地球不是像地球仪一样的完美球体，各地的质量分配并不均匀，因此，当地球旋转时会不停地抖动，其中最著名的，就是命名为"钱德勒摆动"的地球两极位移。

1891 年，美国天文学家钱德勒发现地球两极存在位移幅度约为 9 米的摆动，并且每 14 个月左右构成一个完整的循环。而产生这一现象的原因，直到一百多年后的2000 年，才由美国宇航局地球物理学家格罗斯，利用最新的气象与海洋模型给出合理解答。

格罗斯的计算结果表明，钱德勒摆动的三分之二是由海床压力的变化引发的，剩下的三分之一，则与大气压变化有关。

## 倾斜的地轴

如果说季节变化是"地球舞蹈"的第二节拍（因为在不同地区和不同季节，降雨量、降雪量和湿度都会出现变化）的话，科学家最新研究则发现，由气候变化导致的地球质量分布改变，是"地球舞蹈"的第三节拍。

通过对比南北极 GPS 位置数据与检测地球质量变化的 GRACE 卫星数据，科学家发现，地球旋转轴在加拿大和不列颠群岛之间的摆动，三分之二是由于格陵兰岛和南极洲的冰盖快速消融造成，其余则是因为亚欧大陆的储水量减少。

根据物理规律，作为旋转物体的地球的两极，对纬度 45 度附近地区的质量变化非常敏感。而该地区正是欧亚大陆水资源减少最明显的地方。观测发现，在 2002 年至 2015年间，每逢欧亚大陆遭遇干旱的年份，地轴便会向东倾斜；而当该地区较为湿润时，地轴便会朝西倾斜。

这是科学家首次发现全球水循环变化与地轴偏移方向之间存在一对一的匹配关系！

## "不一定"

近年来世界各地不断出现的超级风暴，也会产生类似于地震的微弱地震波（微震波）。这种被称作"天气炸弹"的风暴出现时，其中心的大气压会异常迅速地降低，所产生的微震波，可以在地球内部传播能量。随着全球气候变化加快，超级风暴出现的频率也有所增加，这将会增加"地球舞蹈"的不确定性。

除了以上这些因素外，其他对"地球舞蹈"节奏产生影响的，还有地震及月球和太阳活动。例如，科学家通过计算发现，2010 年发生在智利沿海的 8.8 级大地震，所造成的地质板块移动，使地球的质量分布轴线偏移了约 8 厘米；2011 年发生在日本的 9.1 级地震，也使每一天的时间缩短了 1.8 微秒。

看来，在遵循基本规律的前提下，"地球舞蹈"也有着很多的"不一定"（摇滚歌手窦唯的乐队名）因素。我们的地球，是会因此变得更糟糕，还是更有趣呢？

知道分子

2011 年发生在日本的 9.1 级地震，使每一天的时间缩短了 1.8 微秒。

第 *71* 个故事
# 拉森 C 冰架上的裂缝

这条裂缝的长度
已经超过了 160 千米!

Samantha Ye

| 问题来了！ | "拉森C冰架上为什么会出现裂缝？" |

虽然冰与雪作为水的固态形式，是地球水圈的组成部分，但是，由于冰雪在气候和生态环境中的独特作用，科学上特别将它们单列出来，与冻土一起，称为冰冻圈。冰冻圈主要包括大陆冰原、高山冰川、海冰、季节性雪盖和冻土5个部分。地球表面不同地区的温度，是在水的冰点上下变化，因此，冰冻圈的面积，也随温度的变化而变化。

## 冰雪大本营

南极洲总面积约1400万平方千米，占世界陆地面积的十分之一。作为唯一一个几乎完全被冰雪覆盖的大陆，它蕴藏着地球表面72%的淡水和全球90%的冰雪。据科学家测量计算，南极大陆冰盖的总体积超过2800万立方千米，平均厚度达2000米。如果这些冰雪全部融化，全球洋面将升高60米，地球上的陆地面积会因此缩小2000万平方千米，比中美两国陆地面积的总和还多。

也正是由于南极洲对气候变化的敏感性，以及它所可能产生的气候效应，使得科学界对南极冰雪圈与全球气候系统的相互作用关系极为关注。

同时，随着技术的不断进步和对南极资源状况了解的深入，如何分配和利用南极洲丰富的自然资源，成为包括中国在内的许多国家和地区高度关注的热点。而南极洲发生的变化，尤其是有关南极冰架近年来快速崩裂的新闻报道，最为吸引眼球。

## 冰川—冰架—冰山

南极大陆常年被冰雪覆盖。这顶巨大的"冰帽"，在自身重力的作用下，会以每年

1～30米的速度，从内陆高原向四面沿海地区滑动，形成数千条冰川。在这些冰川入海处，会形成面积广阔的大冰舌，科学家称为冰架，也就是大陆冰盖向海洋中延伸的部分。南极长达2.4万千米的海岸线，就有大约7500千米被终年不化的冰架占据。

正常情况下，在上游冰川不断往下移动的挤压下，冰架会向外海方向推进。在这个过程中，冰架会由于表面和底部融化而变薄，而海水表面温度的升高，也会导致其前缘形态变化，最终发生崩裂。落下的冰架形成冰山，漂浮直至消融在南大洋中。

据统计，每年都有数万个冰山从冰架上分裂出来，这些平均重10万吨的冰山，总数超过了21万座。冰山的融水是大洋底部深层水体的主要来源，其冷却作用通过在大洋深层的流动，影响到热带和北半球温带地区的海水温度，进而极大地左右着大气环流运动。

## 极端情景

然而，近年来观测到南极半岛最大的冰架，也是世界第四大冰架——拉森C冰架的崩裂事件，却不是发生在边缘，而是从冰架内部开始的。

卫星观测显示，拉森C冰架上出现了巨大的裂缝，目前宽度已达1000米左右，长度更是超过160千米。当这个裂缝最终达到冰架的边缘时，就会发生断裂，进而有可能导致整个冰架从南极冰盖上脱离。

让科学家们最为担心的极端情景是：

当冰架完全脱离后，原本在大陆上缓慢稳定推进的冰川，也许会因失去冰架的阻挡，而突然大量快速地进入海洋，从而导致海平面上升！

## 南极海冰在增加

借助南极大陆深达数千米的冰盖，科学家已获取了过去80万年来的气候环境变化记录。未来，他们还将继续对南极冰盖进行钻探，以获取更久远的气候环境记录。

与此同时，对南极冰盖气候环境区域分异、地球化学分带等的综合研究，也将为揭示南极气候环境变化历史和预测未来气候提供依据。

虽然科学界普遍认为拉森 C 冰架崩裂与南极半岛的气候变暖有关,但与此同时,南极海冰却不断增加。观测发现,自 1979 年以来,南极海冰覆盖的区域,每年约增加 1.2%。2015 年 4 月,海冰范围创历史新高,比 2014 年的记录多了大约 19 万平方千米。

海冰的增加,给南极科考带来了新的困难。2013 年圣诞节前夕,俄罗斯科考船"雪卡斯基号"被困南极,而一艘前往营救的澳大利亚破冰船也曾一度被困海冰之中。

一边是冰架崩裂,一边是海冰增加,这是为什么?南极冰雪圈与气候变化之间的关系,还有待进一步观测和分析。

知道分子

在南极洲,每年都有数万个冰山从冰架上分裂出来,这些平均重 10 万吨的冰山,总数超过了 21 万座。

第72个故事

# 地球气候变化：石头记

气候恒变化，
万物见端倪。
读者有慧心，
科学无止境！

| 问题来了！ | "地球板块运动对地球气候变化有什么深刻影响？" |

## 五大圈层

谈到以变暖为主要趋势的全球气候变化，对普通公众而言，感同身受的通常只是地球表面大气温度的变化，而从科学研究角度看，气候变化所涉及的，则是地球上的方方面面。

用地球科学家的科学术语来说，地球气候系统是由大气圈、水圈（包括海洋、湖泊和河流）、冰冻圈（冰雪和冻土）、岩石圈（土壤和岩石）和生物圈（所有生命体）这五大圈层组成的。就像江湖总是被几大武林门派控制一样，地球上气候变化，就是这五大圈层共同作用的结果。

例如，生物圈是碳循环过程中的重要一员。各类生命体通过生命过程（如植物的光合作用、动物的新陈代谢），在从地球大气中吸取碳（科学上称为"碳汇"）的同时，也向大气排放各类形式的碳（科学上称之为"碳源"）。冰雪圈则主要通过控制地球对来自太阳的辐射能量的反射能力（科学上称为"反照率"）影响气候变化。水圈中的主导者——海洋，不但充当地球大气碳的"汇"和"源"，它所拥有的巨大热容量，更是时刻影响着大气运动。

## 火山爆发：释放二氧化碳远不及人类

相比其他圈层，岩石圈对气候变化的作用，既有缓慢的一面，又有急剧的一面。

例如，火山爆发是我们最为熟知的岩石圈活动。火山爆发给大气输送平均每年 1.3

亿～ 4.4 亿吨的二氧化碳（请注意，这只相当于目前人类活动排放二氧化碳的 1% 左右）。

个别的火山爆发事件，如 20 世纪最大的一次火山爆发——1991 年菲律宾皮纳图博火山喷发，虽然持续了大约 9 个小时，其排放二氧化碳的速度也才跟人类活动的排放速度相同。由于火山爆发持续时间往往很短，因此，其所产生的影响，很快会湮灭在人类活动排放二氧化碳的影响中。

## 板块运动

在岩石圈的各种变化中，相比"调皮"的火山爆发，地球的板块运动就显得太"稳重"了，其对地球气候变化的影响，也是极为深刻的。

按照板块学说，由岩石组成的地球表层并非整体一块，而是像足球一样，是由大大小小的板块拼合而成。大的板块有 6 块，包括太平洋板块、亚欧板块、美洲板块、印度洋板块、非洲板块和南极洲板块。除了太平洋板块全部浸没在海洋底部外，其他 5 个板块上，既有大陆，也有海洋。

与足球球皮不一样的是，地球各大板块永远处于运动之中。一般而言，在同一板块内部，地壳比较稳定；而在板块交界地带，地壳就比较活跃。科学家估计，大板块每年可移动 1 ～ 6 厘米，虽然速度很小，但在地球 45 亿年的历史中，这些细微的移动最终导致海陆面貌发生巨大变化。例如，大西洋和东非大裂谷，就是两个板块逐渐分离后出现的；而喜马拉雅山则是 3000 多万年前，由南面的印度洋板块和北面的亚欧板块发生碰撞、挤压而形成的。

## 岩石里的秘密

通过对岩石圈与其他圈层之间相互作用，及其对全球气候变化影响的研究，许多原本"深埋"在石头里的秘密，现在已"大白于天下"：

例如，岩石风化的类型与强度，很大程度上受到气候的影响。在干旱地区或干旱时期，由于缺乏水的参与，风化作用较弱；而在温暖湿润的地区或温暖湿润时期，温度高、降水多、生物生长茂盛，物理、化学和生物风化都比较强。了解了这些关系后，科学家就可以通过钻探获取岩芯的方式，分析这些岩石形成时期相应的气候状况。

近年来，我国科学家还通过分析海底岩石的磁场性质，发现在冰期磁性矿物的粒度变粗，而间冰期（我们现在所处的地质时期）磁性矿物的粒度变细。由此，科学家推断，间冰期化学作用对岩石形成的影响更大。更进一步，由于地球的化学过程大多与降水有关，科学家又验证了间冰期降水多这一气候现象。

## 石头记

大陆漂移、沧海桑田、火山地震、泥石流……这些岩石圈的变化，都直接和间接地影响着地球的气候变化。

而科学家也把研究的领域，延展到与岩石圈相关的各个方面：从湖泊和大洋沉积物、沙丘原和河流台地、树木的年轮与碳酸盐洞穴沉积层，到古海岸线、珊瑚生长线，到尘土和冰堆积物的性质与特征、植物和动物化石组合序列……

这，不啻是一部地球气候变化的《石头记》！

随着技术的不断进步，在气候变化研究领域，对岩石圈进行钻探采样，开展各种深入的物理化学分析，已经成为一个新的发展方向，为我们了解地球的过去，展望人类生存环境的未来，提供了极为有价值的帮助。

大地辽阔，岩石圈对地球气候变化影响的研究，还远未有尽头。

而科学无止境——故事，还将继续！

知道分子

火山爆发给大气输送平均每年 1.3 亿～4.4 亿吨的二氧化碳，但这只相当于目前人类活动排放二氧化碳的 1% 左右。

# 后　记

　　本书"拉洋片"式的讲述方法，是为了便于让非气象专业的读者，特别是青少年朋友在"三上"（车上、床上、厕上）时，能够随手翻阅，为与朋友和家人闲聊时增添一些谈资。本书的基本框架是在美国科罗拉多大学教授 Glantz 博士——我的导师和亲密朋友所创立的《气候事务》(*Climate Affairs*) 所遵循和体现的基本理论下展开的。在过去的十多年里，Glantz 博士不但在学术上给予我直接指导，他更是为我和我家人在生活、学习和工作的各个方面尽其所能提供帮助，他为我所做的一切让我终生难忘。向国内读者介绍《气候事务》是我长期以来的一个愿望，受各种条件限制，这个愿望一直难以实现。现在本书得以出版，我衷心地感谢中国科学技术出版社给予的大力支持。

　　在本书写作过程的不同阶段中，来自不同单位、不同学科背景的朋友给予了热情鼓励和帮助，他们是陈辉（中国气象科学研究院）、陈爽（中国科学院南京地理与湖泊研究所）、韩佳芮（中国气象局）、韩战刚（北京师范大学）、胡其颖（德国国际合作机构 GiZ）、姜景一（中国科协青少年科技中心）、李银鹏（新西兰）、吕艳丽（北京师范大学）、曲建升（中国科学院资源环境科学信息中心）、王玉彬（北京气象局）、王迎春（北京气象局）、张永生（国务院发展研究中心）以及庞滔、孙蔚伦、庞然、苏海涌、姜玉娟等同志，在此一并致以最诚挚的感谢！

作　者